彩图1　管理良好的胡椒园

彩图2　成熟胡椒

彩图3　遭受霜冻的胡椒

彩图4　胡椒果穗

彩图5　胡椒高产单株

彩图6　培育胡椒插条苗

彩图7　胡椒地深耕、全垦

彩图8　修筑梯田

彩图9　胡椒起垄栽培

彩图10　胡椒第一次剪蔓后

彩图11　胡椒第二次剪蔓后

彩图12　胡椒第三次剪蔓后

彩图 13　胡椒第四次剪蔓后

彩图 14　刚封顶的胡椒

彩图 15　经堆制腐熟的牛粪

彩图 16　胡椒园松土

彩图 17　胡椒园培土

彩图 18　胡椒园稻草覆盖

彩图19　胡椒园喷灌

彩图20　胡椒支柱被台风刮断

彩图21　胡椒瘟病死株

1. 患瘟病的根；2. 患瘟病的茎；3. 患瘟病的枝；
4. 患瘟病的叶；5. 患瘟病的花；6. 患瘟病的果；
7. 患瘟病的死株；8. 病原菌。

彩图22　胡椒瘟病

1. 病的叶、枝、花、果；

2. 病叶上的病斑(左—叶面，右—叶背)；3. 病原菌(放大)。

彩图23　胡椒细菌性叶斑病

1. 病叶、病果、病蔓（矮小型）；

2. 病叶（正常型）；3. 病毒（放大）。

彩图24　胡椒花叶病

1. 病叶；2. 病斑放大，显示着生的小黑粒；
3. 病原菌(放大)。

彩图25　胡椒炭疽病

1. 线虫放大(上—雄,下—雌);

2. 发病症状:叶黄小、节间短、根有虫瘤。

彩图26　胡椒根结线虫病

彩图27　胡椒遭粉蚧为害

彩图28　胡椒根系遭粉蚧为害

“十四五”时期国家重点出版物出版专项规划项目

海南热带特色高效农业实用技术丛书（第二辑）

海南省农业农村厅　海 南 省 教 育 厅
海南省科学技术协会　海南省妇女联合会　编

胡椒高产栽培技术

邢谷杨　林鸿顿　编著

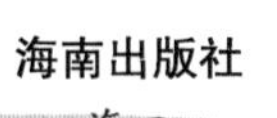

海南出版社
·海口·

图书在版编目（CIP）数据

胡椒高产栽培技术 / 邢谷杨，林鸿顿编著. -- 海口 : 海南出版社，2024. 10. --（海南热带特色高效农业实用技术丛书）. -- ISBN 978-7-5730-1929-5

Ⅰ. S573

中国国家版本馆CIP数据核字第2024FL7453号

胡椒高产栽培技术

HUJIAO GAOCHAN ZAIPEI JISHU

邢谷杨　林鸿顿　编著

责任编辑：陈淑芸
执行编辑：潘铭沁
封面设计：黎花莉
出版发行：海南出版社
地　　址：海南省海口市金盘开发区建设三横路2号
邮　　编：570216
电　　话：（0898）66821839
印　　刷：海南雅迪印刷有限公司
版　　次：2024年10月第1版
印　　次：2024年10月第1次印刷
开　　本：889 mm × 1 240 mm　1/32
插　　页：5页
印　　张：3.125
字　　数：81千字
书　　号：ISBN 978-7-5730-1929-5
定　　价：11.00元

《海南热带特色高效农业实用技术丛书》编辑委员会

前 言

海南自由贸易港60%的人口、80%的土地在农村，“三农”工作任重道远，同时海南拥有全国一半面积的热带土地，发展热带特色高效农业前景广阔。习近平总书记高度重视海南热带特色高效农业发展，先后做出海南要“做强做精做优热带特色农业，使热带特色农业真正成为优势产业和海南经济的一张王牌”，要聚焦发展热带特色高效农业在内的四大产业，加快构建现代产业体系等一系列重要指示，为海南加快热带特色高效农业发展指明了方向。2018年4月13日，习近平总书记出席庆祝海南建省办经济特区30周年大会并发表重要讲话指出：“海南是我国唯一的热带省份。要实施乡村振兴战略，发挥热带地区气候优势，做强做优热带特色高效农业，打造国家热带现代农业基地，进一步打响海南热带农产品品牌。”

近年来，海南重点打造六大热带农业“特色名片”(国家南繁科研育种基地、国家冬季瓜菜生产基地、热带水果生产基地、热带作物生产基地、现代渔业生产基地、特色畜禽生产基地)，热带特色高效农业取得新成效。2022年，热带特色高效农业增加值突破千亿元，为海南经济高质量发展作出了较大贡献。

海南热带特色高效农业持续高质量发展离不开先进技术的支撑和高素质“三农”队伍的培育。为此我们结合新形势新要求精心修订再版《海南热带高效农业实用技术丛书》，并更名为《海南热带特色高效农业实用技术丛书》。本丛书出版发行20余年来，以其技术先进、通俗易懂、实用对路深受广大农民、农业科技工作者、农业企业以及农业院校师生欢迎，成为海南农业发展的好帮手。此次再版，我们注重根据海南热带特色高效农业发展情况调整分册编排、书名，同时吸收国内外最新技术、方法，使本丛书指导性、实用性更强。

本丛书由海南省农业农村厅、海南省教育厅、海南省科学技术协会、海南省妇女联合会联合组织编写，邀请中国热带农业科学院、海南大学、海南省农业科学院、海南省海洋与渔业科学院、海南省农技推广中心等单位活跃在科研、教学和农技推广一线的专家、学者担任分册主编，内容覆盖热带特色高效农业各重点产业和品种，突出“实用技术”的特点，以期为广大农业生产者、农业科技工作者和政府部门做好服务，为端稳全国人民冬季“菜篮子”和热带“果盘子”提供科技支撑。

此次再版，可能还有一些不尽如人意的地方，恳请专家和读者，特别是广大一线农技推广工作者和农民朋友多提宝贵意见，以利于我们择机再行修订。

《海南热带特色高效农业实用技术丛书》编辑委员会

2023年5月

目 录

第一章 概 述

本章提要与学习指导

本章介绍了胡椒的用途和经济价值、国内外胡椒栽培概况。重点了解胡椒种子的营养成分、胡椒的产量潜力和我国胡椒生产的引种情况。

第一节 胡椒的用途和经济价值

胡椒是重要的香辛作物之一，其营养丰富，各种营养成分含量高。它的种子含有挥发油（1%～2%）、胡椒碱（5%～9%），还含有粗蛋白（11%～13%）、粗脂肪（6%～8%）、淀粉（33%～50%）、可溶性氮（5%～14%）等物质。

胡椒是多年生作物，植后3～4年便有收获，经济寿命可达二三十年。白胡椒一般亩（1亩≈667平方米）产150千克，若是管理良好的胡椒园，亩产可达300千克，最高可达600千克以上，产值高，效益好。胡椒不仅可供国内需求，还可出口。胡椒是国际市场上的畅销产品，胡椒产品在世界各国之间贸易往来活跃，商品价格高。世界范围内，胡椒的销量呈增长态势，可见世界胡椒生产发展空间很大。目前在海南，胡椒已成为主要产区人民脱贫致富的重要经济作物。

胡椒是人们喜爱的调味品，用途广泛，在腌制工业中可作防腐性香料，在医学上用于健胃、利尿及刺激支气管黏膜等。随着饮食业、食品加工业以及医药工业的迅速发展，胡椒药用和食用价值的不断拓宽，需求量也日益增长。

黄宗道院士介绍："有食物专家预计，未来世界胡椒的消耗量会逐渐增加，因为今天的医生们已警告人们尽量少用食盐，而能够取代食盐的最好调味品就是胡椒。"

第二节　国内外胡椒栽培概况

胡椒原产于印度西海岸西高止山脉的热带雨林中，至今已有2000多年的栽培历史。中世纪时，胡椒主要在印度西海岸栽培，后来传入马来群岛、斯里兰卡。19世纪初叶，中南半岛也开始种植胡椒。据联合国粮食及农业组织的统计数据，2020年全世界胡椒种植面积约909.15万亩，总产量71.43万吨（表1-1）。主要生产国为印度尼西亚、印度、越南、斯里兰卡、巴西、中国和马来西亚，这些国家胡椒种植面积占世界胡椒种植面积的92%，产量占世界胡椒总产量的91%。

表1-1　世界胡椒主产国种植面积和产量情况表（2020年）

地区	面积/万亩	产量/万亩
世界	909.15	71.43
主产国	840.15	64.76
印度尼西亚	297.30	8.90
印度	205.50	6.60
越南	169.35	27.02
斯里兰卡	72.45	4.36
巴西	55.95	11.47
中国	27.60	3.33
马来西亚	12.00	3.08

随着胡椒生产发展的需要，各胡椒主产国都比较重视胡椒的科研工作，对胡椒丰产栽培技术和病害防治技术进行了广泛的研究，内容包括胡椒抗病选育种、肥料施用、叶片营养诊断、栽植形式和胡椒瘟病防治技术等。

早在1947年，中国归侨王裕文就引进了柬埔寨小叶种胡椒，并在海南琼海温泉镇加超村试种。1951年，归侨郑宏书又从马来西亚引进大叶种胡椒，在海南琼海塔洋镇试种，并获得成功。我国胡椒主要产区为海南，其次为广东的湛江和潮汕，云南、福建和广西等地区南部也有栽培。2019年全国胡椒种植面积约37.8万亩，总产量约4.78万吨。其中主产地海南种植面积达33.45万亩，总产量达4.49万吨。我国种植生产的胡椒除了可满足国内需求外，还有少量出口。

中国热带农业科学院香料饮料研究所（原兴隆试验站）从20世纪60年代就开始对胡椒进行一系列的试验研究，并总结形成一整套切实可行的胡椒丰产栽培技术。还有许多其他的科研和生产单位也为此做出了很大努力。

思考题

1. 胡椒有什么用途?

2. 我国主要种植胡椒的地区有哪些?

第二章　胡椒的生物学特性

本章提要与学习指导

本章介绍了胡椒的植物学特征，胡椒的生长习性和胡椒对环境条件的要求。重点掌握胡椒的生长习性和种植胡椒需要的环境条件。

第一节　胡椒的植物学特征

胡椒（*Piper nigrum*）是胡椒科（Piperaceae）胡椒属（*Piper*）的一种多年生藤本植物。我国栽培的主要是大叶种胡椒，采用插条繁殖。在栽培条件下，采用死支柱的植株，高度控制在2.5～3.0米；采用活支柱的植株，高度一般都在3米以上。树冠呈圆柱形，幅度达120～180厘米。经济寿命因管理水平的不同而异，一般为20～30年。

一、根

插条繁殖的胡椒植株没有真正的主根。根系由骨干根、侧根和吸收根组成。骨干根由气根及切口根生长发育而成。骨干根上分生侧根，侧根上着生有细小的吸收根（图2-1）。从种苗下端第一、二个节及切口长出的骨干根向下生长，分布较深。从种苗上端第二、三个节长出的根，在土壤表层略呈水平生长，分布较浅。胡椒根系一般分布在0～60厘米土层，以10～40厘米土层最多。

根系的分布因土壤、栽培条件和植株年龄的不同而异。在土层浅、地下水位高和胡椒园有地面覆盖物的情况下，根系分布较浅；在土层深厚、地下水位低和深翻扩穴的情况下，根系分布较深，可达1米以上。根系的水平分布随着植株的生长而扩大，一般种植后4～5年植株间根系已开始互相交错。胡椒实生苗主根粗壮，分布较深，在主根上分生侧根（图2-2）。

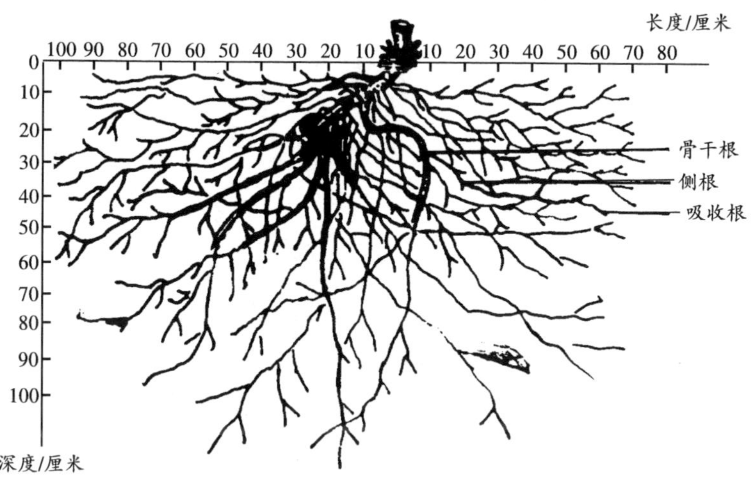

图2-1　胡椒的根系

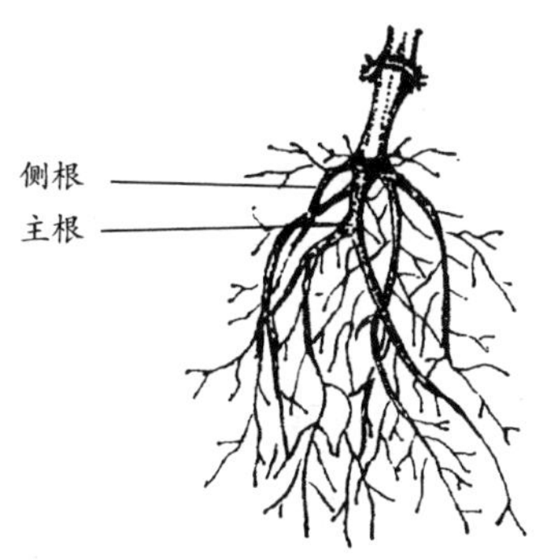

图2-2　胡椒实生苗根系

二、蔓

胡椒的蔓近似圆形，略有弯曲，初期呈紫红色，后转为绿色，木栓化后呈褐色，表皮粗糙。蔓上有膨大的节，节上有排列成行的气根。植株靠气根吸附于支柱上，使蔓能正常生长。蔓节上的叶腋内有处于休眠状态的腋芽（图2-3），呈三角形，外有鳞片，内有两层苞片。当生长点受抑制或水肥充足时，这些腋芽即抽生成为主蔓，并在新蔓基部两侧生长出两个副芽。当新蔓损坏后，两个副芽可抽生一条新蔓或同时抽生两条新蔓。

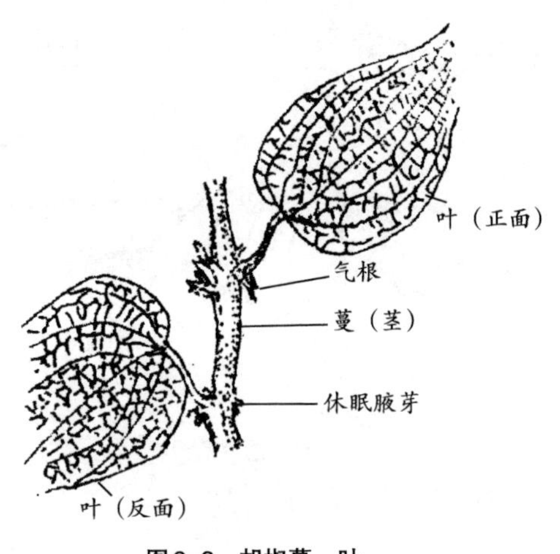

图2-3　胡椒蔓、叶

三、叶

叶为椭圆形或卵形，全缘，单叶互生。叶面深绿色，有光泽；叶背浅绿色，具掌状脉。有一条明显的主脉，侧脉从近叶片基部发出，一般有3对。叶柄较短，托叶2枚，膜质，联合成狭长的鞘状，贴生于叶背，包住顶芽，在芽萌发后不久就会脱落。叶片大小因品种、环境条件及管理情况而异：大叶种叶大，小叶种叶小；在荫蔽和偏施氮肥时，叶片也较大。

四、花

栽培品种为雌雄同花，穗状花序（图2-4）。花穗着生于枝条节上叶片的对侧，长6～12厘米，最长可达15厘米，上面着生30～150朵小花。小花呈螺旋状排列。雌蕊卵圆形，柱头3～5裂，雄蕊着生于雌蕊的两侧。

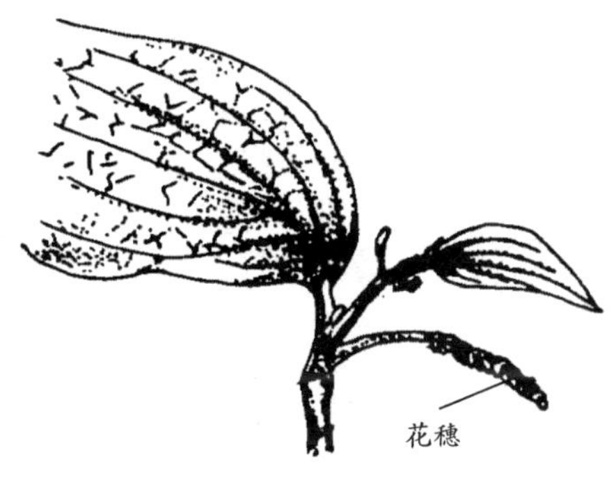

图2-4　胡椒的花穗

五、果实和种子

果实为浆果，球形无柄，直径4～7毫米，生长初期为绿色，成熟时变为红色（图2-5）。种子呈球状，黄白色。种子由种皮、内胚乳、外胚乳和胚等组成。

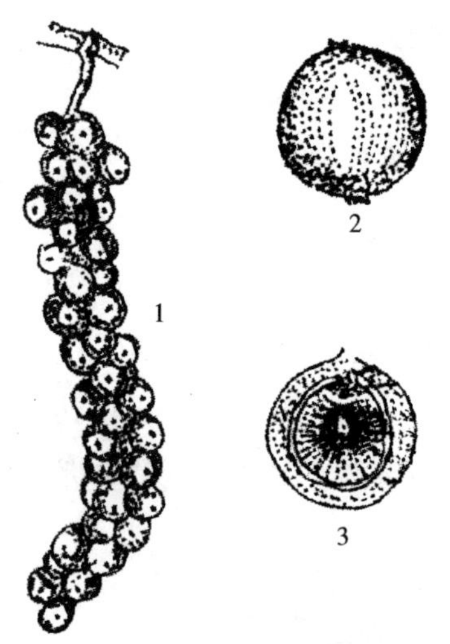

1. 果穗；2. 果实外形；3. 果实纵剖面。

图2-5 胡椒果实

第二节 胡椒的生长习性

一、主蔓生长和分枝习性

胡椒在种植后1~2个月抽生主蔓。主蔓在第一年生长量小，第二年生长量逐渐加大，第三年生长量最大，月生长量可达50~70厘米。封顶以后，在人为控制下，主蔓无法继续向上生长。这时便开始形成树形，进入结果期。

主蔓的生长期和生长量，因地区、季节和管理的情况不同而异。海南地区高温多雨，主蔓生长期长，几乎全年都能生长，生长量大。广东、广西、云南等地，冬季温度较低，主蔓往往受寒害脱节，停止生长。因此，生长期短，生长量较小。在海南，每年3月主蔓开始正常生长，8—10月生长最快，冬季受低温影响，生长缓慢，甚至有短期停止生长的情况。在正常管理条件下，主蔓平均月生长量为30～50厘米。

主蔓有从叶腋抽生层状分枝的特性。每层分枝的数量及层间距离（间隔节数），取决于植株生长势和体内营养状况。生长势强和剪蔓后体内营养充足的粗壮主蔓，抽生分枝多，层间间隔节数少；反之，则分枝少，层间间隔节数多。一般每隔1～3个蔓节有一层数量1～4条的分枝。

从主蔓叶腋长出来的分枝及其各级分枝侧芽抽生的结果枝，构成一个独立的枝条体系，叫作枝序（图2-6）。一株正常的结果植株有120～150个枝序。胡椒树冠就由主蔓和这些枝序构成。

1. 气根；2. 主蔓；3. 休眠芽；4. 叶片；5. 一分枝；
6. 二分枝；7. 三分枝；8. 一级结果枝；
9. 二级结果枝；10. 三级结果枝；11. 果穗；12. 花穗。

图2-6　胡椒的蔓、枝和叶片

二、枝条生长习性

胡椒的枝条按其着生部位、性质和作用分为分枝（骨干枝）和结果枝（侧枝）两种。从主蔓叶腋抽生的枝条叫作一分枝，从一分枝叶腋抽生的枝条叫作二分枝，依此类推。这些分枝粗壮，是构成树冠的骨干枝。分枝每个节上还有一个芽，叫作侧芽。由侧芽抽生的枝条以及再从这些枝条上的侧芽抽生的新枝条，统称结果枝（图2–6）。这些结果枝本身可以开花结果，同时又可以抽生新的枝条开花结果。

幼龄植株枝条生长与结果植株不同。幼龄植株的枝条在人为控制下，主要是营养生长，一般不让其开花结果。因此，只要气候条件适合，养分充足，枝条随时都可萌芽生长。但春季和秋季抽生新枝多，生长量大，是主要生长期。夏季和冬季受干旱和低温的影响，枝条往往断顶，停止生长。结果植株的枝条以开花结果为主，其枝条生长和抽穗开花是同时进行的。由于开花结果消耗了大量养分，枝条因养分不足而自行断顶，直至翌年采果后才能萌芽生长。因此，结果多的枝条，一年只有一个生长期，这个生长期与开花期是一致的。在秋季开花（即放秋花）的在秋季生长，在春季开花（即放春花）的在春季生长。但结果少或不结果的枝条，在养分、水分充足的情况下，随时都可萌芽生长，出现一株胡椒甚至一个胡椒园在一年中有多次抽梢和开花结果的现象。

枝条抽生后，初期生长快，以后逐渐减慢而断顶。枝条年龄越老，生长量越小，生长期越短。在同一母枝上，不同部位抽生的结果枝，生长情况也有很大差别。靠近母枝顶部的果枝抽生比较早，生长量小，果枝短，但开花结果多。靠近母枝基部的果枝抽生比较迟，生长量大，果枝长而粗壮，但开花结果少，往往成为营养枝。

三、开花结果习性

胡椒枝条上的芽是混合芽，花芽和叶芽是同时分化的。在水分、养分充足时，花芽发育成为正常的花穗，开花结果。但当条件不适合时，可能会导致植株营养生长过旺，花芽不能发育成为正常的花穗，就会出现光抽枝长叶而不开花结果的现象。

胡椒几乎全年都可抽穗开花，主花期是春季和秋季。海南地区温度较高，一般都放秋花，花期在9—11月。广西、广东湛江等温度比较低的地区，秋果不能安全越冬，一般都放春花，花期在4—5月。花期的迟早与气候条件、植株体内营养状况有密切关系。如雨季来得早，刚进入结果期和结果少的植株，抽穗开花较早，反之，抽穗开花较迟。

胡椒花期较长，9—11月一般开3批花，每一花穗从抽出至花穗完全停止生长，历时21～30天。花穗抽出后11～17天，小花开始开放。一个花穗中的小花，从第一朵开始开花至开花完毕，需12～19天。在一朵花中，雌花比雄花先成熟，因此，胡椒虽然是雌雄同花，却是异花授粉。

小花授粉10天后，子房开始膨大，逐渐形成小果。坐果后30～40天生长发育较快，40～75天果实增大速度逐渐变慢，75天之后增大速度就更慢，以至出现间歇性生长现象，以后转入灌浆充实时期。这时，干物质积累迅速增加，果实逐渐变硬。随着果实的发育，果实颜色从青绿色转黄而变红时，果实便完全成熟。胡椒从抽穗开花至果实成熟需9～10个月。

第三节　胡椒对环境条件的要求

胡椒原产于热带地区，要求高温、多雨、静风、土壤肥沃和排水良好的生长条件，具有怕冷、怕旱、怕渍、怕风的特性。必须根据它对环境条件的要求，严格选择种植地，以保证栽培成功。

一、温度

胡椒要求比较高的温度，世界主要种植胡椒地区年平均温度在25～27摄氏度。从我国栽培的情况来看，在年平均温度为21～26摄氏度、绝对低温大于0摄氏度、无霜的地区，胡椒都能正常生长和结果，即使冬季出现短期低温和短暂的霜冻，胡椒也能存活。而在年平均温度为23～27摄氏度的无霜地区种植胡椒最适宜。

低温对胡椒种植有一定的影响。旬平均气温低于18摄氏度时，胡椒生长缓慢；低于15摄氏度时，基本停止生长。日最低温度在10摄氏度以下，持续2～3天，嫩叶会开始受害；日最低温度在6摄氏度以下，持续2～3天，嫩蔓、嫩枝就会受害，出现断顶；日最低温度在3摄氏度以下就会造成枝节脱落、落果，甚至地上部分的主蔓受害干枯。

过高的温度对胡椒生长亦不利。高温干旱季节，地表温度高，没有荫蔽的植株，其胡椒根部（胡椒头）、地表根系和接触地面的叶片往往会被灼伤，甚至被晒死。

二、降雨量

胡椒要求降雨量充沛且分布均匀。降雨量太大或降雨过于集中，对胡椒都是不利的。世界胡椒主要产区年降雨量为1900～3000毫米。我国试种和栽培的胡椒，在年降雨量为800～2400毫米的地区，都能正常生长和开花结果，其中以年降雨量为1500～2400毫米、分布比较均匀为宜。海南主要种植胡椒地区的调查表明，在雨季，一个月降雨量大于1000毫米或连续两个月总降雨量超过1000毫米，就会引起水害的发生和瘟病的流行。干旱季节雨量小，对胡椒生长和开花结果也有明显的影响，轻者植株生长不良，叶片褪绿，影响开花结果，导致果实皱缩、脱落，造成减产；重者植株枯萎死亡。但在干旱地区，如能进行灌溉，保证植株对水分的需要，胡椒的生长和结果情况也好，且病害较少。土壤温度高时，若下小阵雨或进行灌水均对胡椒生长不利。

三、风

胡椒为藤本植物，攀缘生长，蔓枝脆弱，抗风力差，要求静风环境。在风大的地区，嫩叶会被吹破损，影响生长。遇到台风，轻则吹落叶、花、果，造成减产；重则折枝、断蔓、倒柱，严重影响植株生长。此外，台风暴雨会加剧病菌传播的风险。台风过后植株的蔓、枝、叶会产生伤口，大量叶片会和地面接触，易于病菌的侵染和繁殖，为胡椒瘟病和胡椒细菌性叶斑病的流行创造了条件。海南地区常遭台风袭击，胡椒瘟病和胡椒细菌性叶斑病的发生流行均与台风暴雨有密切关系，因此种植胡椒应有计划地保留和营造防护林，做好防风工作。

四、光照

胡椒对光照的要求因品种和年龄而异。我国栽培的大叶种在幼龄期需要适度的荫蔽。海南夏季阳光强烈，架大棚、适当用椰子叶或遮阳网遮阳，有利于幼龄胡椒生长和减少花叶病。成龄植株则需要充足的光照，过于荫蔽会使植株营养生长旺盛，枝条徒长，叶片宽大，组织不充实，抽花穗少，产量低。因此，防护林与胡椒应有4.5米左右的距离，不宜太靠近。

五、土壤

胡椒喜土层深厚、结构良好、易于排水、比较肥沃的砂壤土，土壤pH值为5.5～7.0较适合。从世界主要胡椒生产国来看，土壤排水良好是建园的首要条件。印度在排水良好，但养分较贫乏的砖红壤上种植胡椒，通过加强管理，胡椒生长良好。在马来西亚沙捞越州，最适合种植胡椒的土壤是排水良好、富含有机质的冲积土。在印度尼西亚则避免在土壤透水性差的地方种植胡椒。在海南选择排水良好的砂壤土种植胡椒，植株生长快、结果多、病害少、寿命长；相反，在排水不良的土壤和低洼地种植胡椒，容易发生水害和胡椒瘟病。

思考题

1. 胡椒主蔓具有怎样的分枝习性？
2. 胡椒枝条具有怎样的生长习性？
3. 胡椒对温度、降雨量、风、光照和土壤的要求如何？

第三章　胡椒的主要类型和繁殖方法

本章提要与学习指导

本章介绍胡椒大叶种和小叶种两个类型的主要特点和两种繁殖方法，提出胡椒优良种苗的标准和胡椒割蔓应注意的问题，并介绍胡椒的育苗方法。重点掌握胡椒大叶种和小叶种的形态特征，胡椒种子苗和插条苗的繁殖方法，胡椒优良种苗的标准。

第一节　胡椒的主要类型

一、大叶种

大叶种叶大而薄，色浓绿；蔓枝粗而脆，易断裂；植株生长快，生长势强，分枝多，枝条横向生长，冠幅较大；花期比较集中，花穗长，成果率较高；着果有规律，果粒较小，但大小一致，成熟时间比小叶种稍早。单株产量较高，盛产期亩产达2～6千克。经济寿命20～30年。适应性较强，较耐肥耐旱，但容易感染胡椒瘟病和胡椒细菌性叶斑病。目前我国栽培的胡椒普遍属于大叶种。

二、小叶种

小叶种叶较小，色浅绿，常有镶嵌斑纹；蔓枝细小而韧，不易折断和破裂；植株生长较慢，枝条短而下垂，因此，冠幅较小；

花期长，不集中，花穗多而短，成果率低；果粒大，成熟较迟且不一致；种子比较辛辣。产量一般比不上大叶种，但经济寿命长达30～40年。小叶种抗病性较强，不易感染胡椒瘟病。

第二节　种子繁殖

胡椒的繁殖方法分种子繁殖（有性繁殖）和插条繁殖（无性繁殖）。种子繁殖的实生苗分枝部位高（有些主蔓伸长至11个节或更长才分枝），成“一条龙”植株，需多次截蔓才抽生分枝，形成树冠慢，结果迟（6～7年才结果），产量低且不稳定，除适用于选育种外，生产上基本不采用。

一、采种和种子处理

在高产母树上选择红色、粒大、饱满和无病虫害的果实，脱去果皮，洗净种子，置于通风处晾干，随即催芽播种。种子曝晒或贮存时间超过一个月都会降低发芽率。

二、催芽和播种

为了加速种子发芽，提高发芽率，可用清水浸种12～24小时，放在湿的细沙中催芽。当胚根露出白点时（约20天），便可播在苗床上（也可直播）。苗床经过平整后，铺上几厘米厚的细沙，把种子按4厘米×5厘米株行距点播。种子多时也可撒播。播种后盖上一层0.5厘米厚的细沙，然后覆盖稻草，淋水保湿。但苗床湿度不宜过大，以免招致病害。播种后，经20～30天种子便会发芽出土，这时应把覆盖物除去（图3–1）。

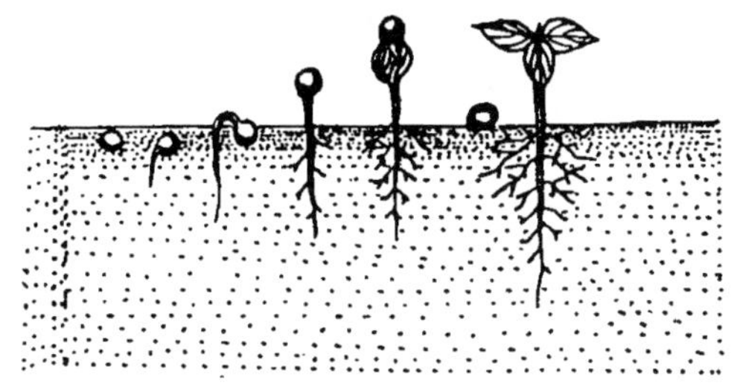

图3-1　胡椒种子发芽生长情况

三、移植和管理

当幼苗长出2～3片真叶时，将其按10厘米×20厘米的株行距移植于苗圃中。

苗圃的管理除给幼苗淋水保湿、适当施些水肥外，还应注意调节荫蔽度。过于荫蔽易发生猝倒病。出圃前应逐渐减少荫蔽度，以锻炼种苗，提高成活率。幼苗经半年培育，苗高30～40厘米时便可出圃，定植于胡椒园中。

第三节　插条繁殖

生产上主要采用插条繁殖，植后植株的分枝部位低，经4～5次剪蔓，2～3年就能形成枝叶茂密、冠幅大的圆柱形树冠，且变异小，能保持母株的优良性状，产量高。

一、优良种苗的标准

用胡椒的主蔓做插条材料，通常称之为种苗。种苗的优劣直接影响到植株初期的成活率及抽蔓率，也影响到后期植株的生长、产量和寿命。因此，必须在生长正常而又无病的1～3年生的优良母树上选健壮的主蔓做种苗。健壮的种苗定植成活率高，生长势强，形成树形快，结果早，产量高，寿命长。无论是从植株基部或树冠内部抽生的徒长蔓，还是从植株顶端长出的新蔓，都不宜作为种苗，因为这些蔓生长纤弱，气根不发达，种植后生长慢，分枝部位高，结果迟，有些还出现花叶。文昌迈号做过的一项调查显示，壮苗种植后成活率为97%，弱苗成活率为78%，壮苗主蔓生长量比弱苗增加15%，形成树形和开花结果时间提早一年。可见选用优良种苗对速生高产有着重要意义。

优良种苗（图3-2）的标准是：

①长度30～40厘米，有5～7个节；

②蔓龄4～6个月，直径0.6厘米以上；

③气根发达，且都是“生根”（正在生长的气根）；

④插条顶端两个节各带1个分枝和10～15片叶，腋芽发育饱满；

⑤没有病虫害和机械损伤。

图3-2　优良种苗（6节壮苗）

二、割蔓（割苗）

割蔓和整形是相互结合进行的。一般按整形的方法在一定的部位割蔓，割下来的蔓经挑选作为种苗。

（一）割蔓季节

海南岛胡椒割蔓以春、秋两季为宜，秋季最好不迟于9月。广东、云南、福建和广西等气温较低的地区，割蔓不宜迟于8月。高温干旱、低温季节以及胡椒园发生瘟病时不要割蔓，以免影响母树生长和育苗成活率，使病害蔓延。

（二）割蔓前去顶

在割蔓前10～15天将主蔓顶端3～5节幼嫩部分去掉，同时算好每条主蔓可切取的种苗数。准备采用的种苗每条应带两条分枝，其他多余的分枝应割除。这样就能抑制主蔓往上生长，使组织充实、老化。切取的种苗成活率高，而且植后抽蔓快，生长整齐。

（三）割蔓和切取种苗

当主蔓生长4～6个月时，为了减少组织失水，提高成活率，应选阴天或晴天下午割蔓。割蔓时要按整形的要求，用锋利的枝剪或小刀将主蔓切断，然后解开绑蔓（俗语称“加固”）的绑绳，由下而上地将气根从支柱上拉下来，小心地拿下主蔓，在阴凉的地方尽快按种苗的标准切取插条。切口要平滑，防止破裂。插条要边切边蘸水，最好是将切口的那一端放在水中浸20分钟左右，然后分级再按50条一捆绑好，放在阴凉的地方，保持湿润，及时育苗或定植。

三、育苗

（一）苗圃的选择和准备

苗圃应选排水良好、土层深厚、砂壤土、靠近水源和静风的缓坡地或平地。一般不宜选用多次育过胡椒苗的土地和靠近病园、道路、菜地的土地，特别是种过茄子、烟草、番茄的土地，否则易引起胡椒病害。

育苗前半个月要垦地，清除树根、杂草、石头等杂物。土壤经充分曝晒后打碎起畦。畦高20～30厘米，面宽1米左右，沟宽40厘米。畦面要平整。苗圃周围要开排水沟。

（二）育苗

1. 架设荫棚

荫蔽是保证种苗成活的关键，应在育苗前准备好荫蔽物或架设荫棚。种苗数量少的农户可以考虑在畦的四周插芒萁进行荫蔽。种植面积大、种苗数量多的农户，可以根据种苗的多少架设大荫棚或小荫棚。棚架上可以用遮阳网或椰子叶进行荫蔽，荫蔽度应在90%左右。

2. 育苗方法

一般在晴天下午或阴天育苗。种苗要按长短和粗壮分级，土地按20～30厘米的行距开沟，沟的一面做成45度的斜面，弄平压紧。将种苗按10～15厘米的株距排列，种苗上端两节露出地面，气根紧贴土壤，盖土后压紧，但不能压伤种苗，然后淋足水。事先没有做荫棚的就要插上荫蔽物。为便于及时补种，可以事先用营养袋育好种苗，这样补种后的新种苗容易赶上原种植株的生长速度。

3. 苗圃管理

一般在育苗20天内要经常淋水，保持土壤湿润。干旱时必须每天淋水1~2次。种苗培育10天左右开始发根，成活后可以逐渐减少淋水次数。

四、出圃、包装和运输

种苗培育一个月便可出圃。育苗时间太久，根多且长，新蔓生长纤弱，定植时易伤根伤蔓，影响成活及生长。挖苗时，如土壤干燥板结，应先淋水后挖，防止伤根过多。同时要将过长的根及新蔓剪掉，仅保留5~10厘米长根及新主蔓2~3个节，以利于定植后种苗的生长。如有瘟病发生，应禁止种苗出圃。有花叶病和细菌性叶斑病的种苗应淘汰。

挖苗定植时，一般应边挖边种。若需长途运输，应根据种苗长短、壮弱分级，30~50株为一捆，用稻草或椰糠等材料包扎好，枝叶要露出外面，装于箩筐中，洒水保湿。途中也要注意保湿、遮阴，防止种苗失水损伤。

思考题

1. 胡椒分为哪两种主要类型？这两种类型各有什么特点？
2. 胡椒优良种苗的标准是什么？
3. 胡椒割蔓前为什么要去顶？
4. 怎样培育好胡椒苗？

第四章　胡椒园的开垦和定植

本章提要与学习指导

本章详细叙述了胡椒园地的选择和规划、开垦、定植。重点掌握胡椒园地的选择和规划，如何修筑梯田和起垄，胡椒的定植时期、密度和方法。

第一节　园地的选择和规划

一、园地的选择

园地的选择是胡椒栽培成败的关键。在排水不良的土壤、低洼地或地下水位较高的地方栽培胡椒，生长慢，长势差，且容易发生水害和瘟病。在温度比较低的地区、阴坡地、坡脚地等处栽培胡椒容易造成胡椒寒害。因此，必须重视胡椒园地的选择。

（一）土壤

应选择土层深厚，比较肥沃，结构良好，易于排水，呈微酸性的砂壤土或中壤土。有经验的胡椒种植者认为俗语所说的"红土石子地"和"黄土石子地"种植胡椒比较理想。盐碱地、排水不良的重黏土、保水保肥力差的重砂土及旧宅地一般不宜种植胡椒。

（二）地形、坡向

应选择坡度3～5度，最好不超过10度的缓坡地种植胡椒。低洼地（特别是锅形地）一般不宜选用。温度较低的地区应选向阳坡地种植。

（三）水源

为了方便灌水，种植胡椒的地方要比较接近水源，但也不宜太靠近河流、水沟、水库，避免发生水害和病虫害。

二、园地的规划

建立胡椒园时，应根据自然条件（如地形、地势和风力大小等）来规划胡椒园的面积、防护林、道路和排水系统，以便控制病虫害传播和管理。

（一）胡椒园设计

胡椒以分散种植、园与园之间有一定距离较好，这样有利于控制病虫害的流行。一个胡椒园的面积不要太大，以3～5亩为宜。在静风地区和排水良好的土壤条件下，面积可以适当大些，反之宜小些。胡椒园地块的划分要与防护林设置相结合，最好是东西走向，设计成长方形的小区，以减少风害。

（二）防护林

为了降低台风影响，防止病虫害流行，在温度较低的地区防止寒流袭击，胡椒园四周必须保留原生林或种植防护林，为胡椒速生高产创造良好的环境条件。一般主林带设在较高的迎风处，与主风向垂直，植树9行左右；副林带与主林带垂直，与主风向平行，植树5行左右。防护林树种有木麻黄、台湾相思树和竹柏等。靠近胡椒园的地方可以考虑种植较矮的树种，如油茶、黄皮、竹柏等。防护林与胡椒的距离一般应不少于4.5米。

（三）排水系统

不论是坡地还是平地，建立胡椒园都应设置排水系统，做到雨后不积水，避免水害和病虫害发生。排水系统由胡椒园四周的环园大沟、园内纵沟和垄沟及梯田内壁的小沟组成。环园大沟的作用主要是排水、阻隔树根浸水和防止外面流水冲进胡椒园，减少表土冲刷和病菌传播。大沟一般离防护林2米远，离胡椒园2.5米远，沟宽80厘米，深60～80厘米。纵沟主要用于排除园内积水，一般每隔12～15株胡椒开一条纵沟，视胡椒园的大小和排水情况决定。纵沟宽50厘米，深40厘米左右，与大沟相通。此外，起垄后的垄沟及梯田内壁的小沟也要与纵沟及大沟相连。垄沟和梯田内壁的小沟除排水外，还可用于旱季灌溉。

第二节　开　垦

一、深耕全垦

深耕全垦一般在定植前3～4个月进行，让土壤充分熟化，提高肥力，消灭根部致病菌。开垦时，首先划出防护林带，接着砍掉不需要保留的树木，并进行清理。灌木、树枝和杂草地上部分可以在地里烧掉，并将树根挖掉，然后深锄或机耕30～40厘米，质量要求更高的胡椒种植者可用推土机将整块地推过一遍，深度60～80厘米。地里的树根、杂草、石头等要清除干净，以预防根部发病。土壤深耕后，平整土地，修筑梯田，开设排水沟。

二、修筑梯田和起垄

为了防止雨水冲刷土壤，胡椒园地必须根据不同坡度，修筑不同形式的梯田或起垄，防止水土流失，以达到保水、保土和保肥的目的。

（一）修筑梯田

在丘陵坡地种植胡椒要修筑等高梯田。修筑梯田应尽量保留表土，并做到既有利于水土保持和排灌，又要节省劳动力。一般坡度在5度以下的，开大梯田，面宽6米，种2行（图4-1）；坡度在5度以上的，开小梯田，面宽2.5米，种1行，梯田面稍向内倾斜（图4-2）。小梯田在内侧，大梯田在行间挖一条小排水沟。

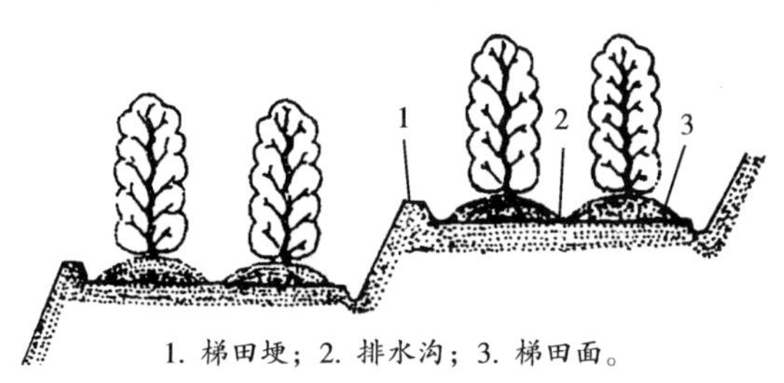

图4-1　大梯田断面

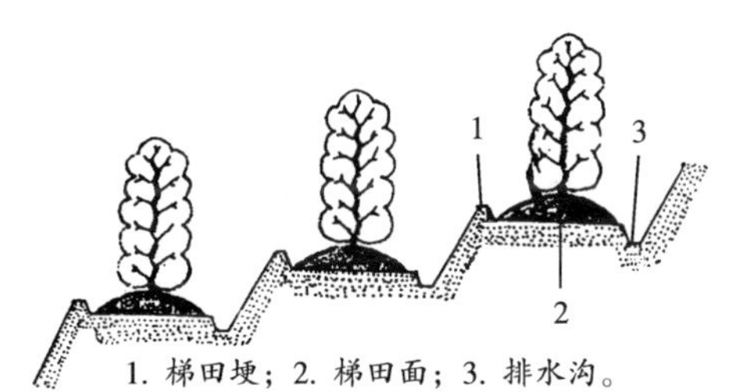

图4-2　小梯田断面

（二）起垄

胡椒起垄栽培是胡椒种植者经过多年实践总结出来的经验。一般平地、缓坡地、大梯田都可以采用起垄栽培（图4-3）。排水不良的土壤、比较低的地方和胡椒瘟病易于流行的地区更加需要起垄栽培。

起垄方法：先平整土地，等高定植，第二年结合松土、培土，逐行起垄。垄面呈龟背形，垄高约20厘米，以后逐年加高到40厘米左右。垄面加高之前，应逐步剪除植株基部的枝条。

图4-3　垄栽断面

三、挖穴、施基肥和回土

挖穴是为胡椒根系创造适宜的土壤环境。一般在定植前两个月挖穴，穴宽80厘米、深70厘米。穴壁要垂直，不然深翻扩穴时，穴壁难以打通，影响施肥效果。挖穴时，把表土、底土分开放置，并清除树根、石头等杂物。定植前半个月放入基肥和回土。先将表土回穴至1/3，然后将充分腐熟、细碎、干净的基肥15～25千克（牛粪占30%～40%、表土占60%～70%，饼肥0.5～1.0千克、过磷酸钙0.25～0.50千克一起混堆）与表土充分混匀回穴踏紧，随后继续填入表土，做成比地面稍高一点的土堆，准备定植。

第三节　定　植

一、定植时期

海南一般在春季和秋季定植，春季干旱缺水的地区在秋季定植较好。因为秋季降雨量多，气候比较凉爽，土壤湿度大，定植成活率高，用工较少。冬季气温较低的地区，定植时间宜早不宜迟，可根据雨量情况，于3—5月定植，使植株有较长的时间生长，利于越冬；但这时气温较高，比较干旱，必须注意荫蔽和淋水，保持土壤湿润，才能保证植株成活。

定植一般在阴天、毛毛雨天（土壤湿度不大）或晴天下午进行。其余雨天或雨后土壤湿度大时不宜定植，否则胡椒根系会与土壤粘在一起，干后土壤板结，易造成“死根”，影响成活率或导致幼株生长不良。

二、定植密度

胡椒开花结果需要充足的光照和足够的营养，因此，合理的种植密度是胡椒获得高产的关键。过于密植，植株荫蔽，阳光不足，植株树冠下部枯枝多，开花结果少，还容易发生病虫害，也不便于管理。种得太疏，单位面积株数不足，总产量不高。

合理的种植密度应根据地形、气候、土壤条件及支柱长短来决定。一般高支柱疏植，矮支柱密植。地肥沃，水热条件好，胡椒冠幅大，宜疏植；地瘦瘠，水热条件差，胡椒冠幅小，宜密植。如平地或缓坡地，支柱长度在2.2米（地上部分）以上时，株行距可采用2.0米×（2.0～2.5）米（亩植133～166株）；土壤肥沃，坡度大，株行距可采用2.0米×（2.5～3.0）米（亩植111～133株）；胡椒支柱矮（柱高1.5米），株行距可采用1.8米×2.0米（亩植185株）。

三、定植方法

定植前，在定植位的一边离穴壁10～15厘米处插上标棍或临时支柱。定植方向应与梯田的走向一致，定植时胡椒头不要向西，避免太阳晒伤胡椒头。

定植时在距小支柱10～15厘米处挖一深30～40厘米的"V"形小穴，使靠近小支柱的坡面形成45～60度的斜面，并压紧（图4–4）。

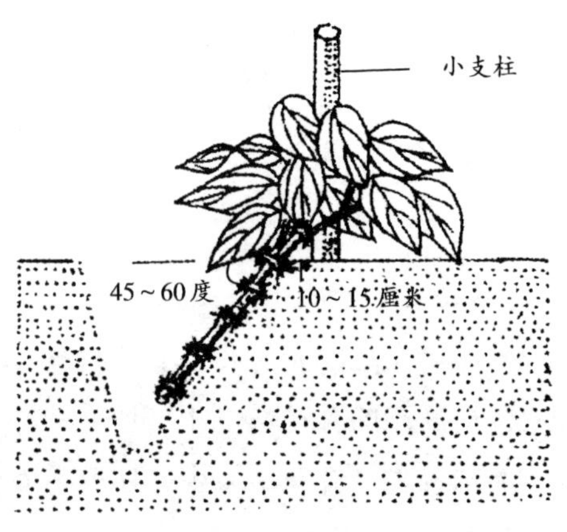

图4–4　定植角度

两株种苗对着标棍呈"八"字形放置，种苗上端间隔5厘米，下端间隔10～15厘米（图4–5），每株种苗上端第二个节刚好露出地面。种苗根系紧贴斜面，自然伸展。回土时，一手固定种苗，一手将细碎、疏松、湿润的表土自下而上地盖住种苗并压紧，随即在种苗两侧施5千克充分腐熟的有机肥料做辅助基肥（俗语称"送嫁肥"），然后继续回土，做成比地面高10厘米的土堆。土堆中间呈锅底形，上面盖草，淋足定根水，并将荫蔽物插在小穴周围，荫蔽度以80%～90%为宜。荫蔽物可采用芒萁或不易落叶的树枝。亦有单苗定植方法（图4–6）。

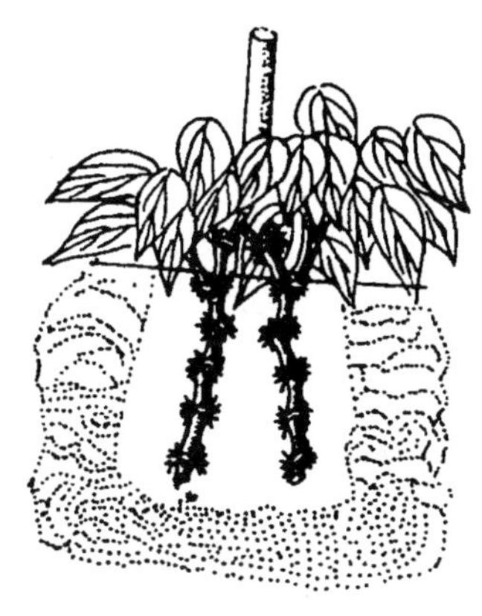
图4-5　双苗定植方法

图4-6　单苗定植方法

四、植后管理

（一）淋水

胡椒定植7～15天后开始长出新根，因此，植后1～2天淋水1次，保持土壤湿润，成活后淋水次数可逐渐减少。

（二）补插荫蔽物

胡椒定植后一年内，特别是在高温干旱季节，保持荫蔽是胡椒成活的一项重要措施。如果荫蔽物损坏，太阳晒到胡椒头，则主蔓易被灼伤，叶片变黄，甚至死亡。因此，应经常检查荫蔽物，如有损坏，应立即补上。

（三）补植

胡椒定植后一个月左右，应该全面检查成活率。如有死株应及时补植。若补植太迟，园内植株生长不平衡，大小不一致，管理不方便。

（四）插小支柱

胡椒成活后就要及时种上支柱，如果由于各种原因不能及时种上支柱时，则要插上临时小支柱，以供新蔓攀缘生长。小支柱直径4~5厘米、高1.5米左右，插在离胡椒头约10厘米处，入土30厘米。有永久支柱后应及时换上。

此外，还应注意松土、除草、施肥，特别是绑蔓。

总之，建立胡椒园必须根据胡椒生长发育的特点选择园地，做好规划，仔细开垦；做好胡椒园的基本建设，做到能灌能排、保水保肥；施足有机肥料、采用壮苗双苗定植的胡椒园，是胡椒防病高产的重要栽培技术。

思考题

1. 如何选择和规划胡椒园地？
2. 海南应在哪些季节定植胡椒？如何定植？

第五章　胡椒树体管理

本章提要与学习指导

本章叙述了幼龄胡椒整形修剪、绑蔓、摘花和摘叶。重点掌握通过幼龄胡椒和结果胡椒的树体管理，达到培养高产树形的目的。

第一节　整形修剪

一、幼龄胡椒整形

胡椒在自然生长条件下，由于主蔓有分层分枝的习性，主蔓上如果留有空节，分枝少，树冠稀疏，结果面就会小，产量低。因此，幼龄胡椒必须适当剪蔓和合理留蔓（即整形），促进枝条生长，才能形成一个树冠结构良好的树形。

目前普遍认为胡椒高产的树形是：胡椒植株离地面柱高2.2米左右，具有6～8条蔓，冠幅160～180厘米，有120～150个枝序，每个枝序有15～25条结果枝。

目前我国主要植区一般采用留蔓6～8条、剪蔓4～5次的整形方法。这样经过多次剪蔓，除了能尽量避免主蔓上存在空节外，还有以下优点：有利于主蔓条数增加和主蔓增粗生长；有利于将留下来的分枝培养成为健壮的骨干枝；有利于迅速扩大树冠幅度，使每个枝序的结果枝粗壮，同时结果枝数量也能达到高产树形的要求；有利于幼龄胡椒形成发达的根系。实践证明，采用这种整形方法，基本上能达到培养高产树形的目的。

胡椒植后6～8个月，在大部分植株高达1.2米时进行第一次剪蔓。在离地面20～30厘米（3～6个节）处剪蔓，保留1～2层枝序（图5-1），并在每条蔓切口下2～3节处选留2～4条健壮的新蔓。如果第一层枝序过高，剪蔓后应进行压蔓。

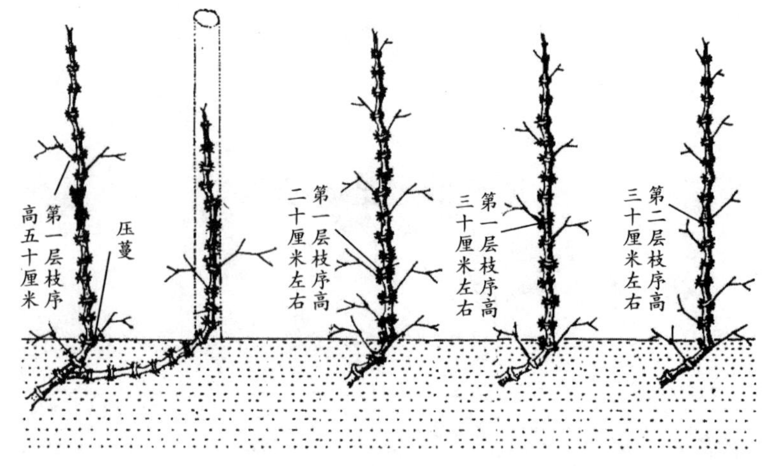

图5-1　第一次剪蔓部位

第二、三、四次剪蔓应在所选留的新蔓长高1米以上时进行，在前一次切口上3～4节处剪蔓。每次剪蔓都要使几条蔓的切口高度基本保持一致，剪蔓后都选留切口下长出的新蔓6～8条。第五次剪蔓部位是在新蔓第二层分枝之上（图5-2），剪蔓后选留的新蔓与上次相同。最后一次剪蔓后，待新蔓生长超过支柱30厘米时，将几条主蔓向支柱顶部中心靠拢，按顺序交叉绑好，这叫封顶。再在离交叉点3节处将各条主蔓去顶，使之逐渐形成圆柱形树冠。

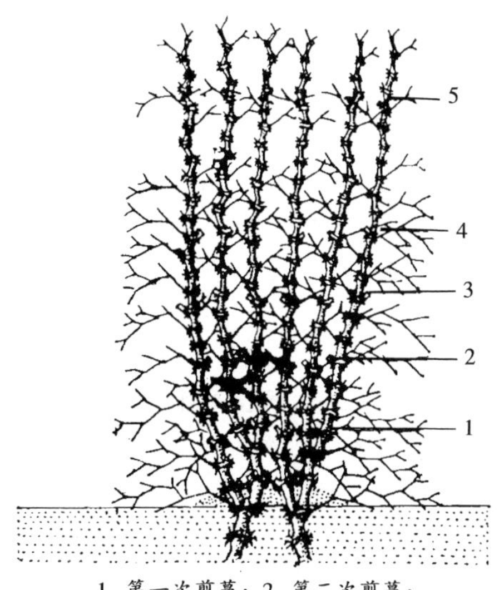

1. 第一次剪蔓；2. 第二次剪蔓；
3. 第三次剪蔓；4. 第四次剪蔓；5. 第五次剪蔓。

图5-2　剪蔓五次的整形方法

在不要种苗的情况下，二龄植株也可采用多次去顶法，即在新蔓长高达40～50厘米时，在前次切口上3～4节处去顶，连续进行5～6次，这样形成高产树形快，能提早封顶投产。

剪蔓应在春、秋雨季进行，切忌在高温干旱、低温干旱的季节和发生胡椒瘟病时剪蔓。

二、胡椒修剪

胡椒修剪是植株管理的一项重要工作，其目的是减少养分消耗，使蔓枝生长健壮，加速高产树形的形成和促进开花结果。同时，胡椒修剪可使胡椒头通风透光，减少病虫害的发生。

（一）幼龄胡椒修剪

在正常管理条件下，幼龄胡椒生长势强，剪蔓会大量萌芽，抽出新蔓。这些新蔓应按留强去弱的原则进行修剪，整株胡椒留6～8条主蔓，多余的芽和蔓要及时切除。同时，在第二次剪蔓后可以逐渐剪去“送嫁枝”（种苗带来的枝条），以阳光晒不到胡椒头为准。注意不要在雨季或高温干旱时剪枝。

（二）结果胡椒修剪

结果胡椒每年都会从原来封顶的地方抽出许多新蔓，这些新蔓称为顶芽，应及时剪除，否则久而久之，植株会出现“戴帽”现象。

同时，有些结果胡椒生长势强，树冠上部伸出树冠外围的长枝条，往往造成树冠下部光照不足，这些长枝条在收果后可以截短。

结果胡椒树冠内部也会抽出新蔓，这些蔓缺少光照，纤弱徒长，称为徒长蔓，也应及时切除。

第二节　绑蔓、摘花、摘叶

一、绑蔓

胡椒管理中绑蔓是一项细致而重要的工作。幼龄植株及时绑蔓，吸收根发达，能使主蔓牢固地固定于支柱上，加速植株的生长，获得吸收根发达的种苗。绑蔓宜在上午露水干后或下午进行，此时植株含水量降低，嫩蔓柔软，不易折断。在新蔓长出3～4个节时就开始绑蔓，以后每隔10天左右绑一次，用柔软的绑绳在蔓节下将几条主蔓绑于支柱上。绑时用手调整和压紧主蔓，然后将绳子拧紧绑好。一般每2个节绑一道，但准备做种苗的主蔓，最好做到节节都绑，并要求：

①绑蔓要及时，松紧要适度。主蔓上端第一节不要绑，第二节不要绑得太紧，并打活结，以免影响主蔓生长。

②绑蔓时不能将枝条绑在支柱上，要按照层序高低调整，防止互相挤压，影响枝条向外伸展。

③要把主蔓调正，均匀地配置在支柱上。如主蔓交叉或弯曲，要小心调整后再绑。

④老蔓、嫩蔓分别绑，先绑老蔓，后绑嫩蔓。绑蔓时要小心，防止扭伤枝条和折断主蔓，特别是雨后或早晨绑蔓时更应注意。

⑤在高温干旱季节绑幼蔓时，可将蔓节上的叶片反转垫于节下，避免石支柱温度高灼伤嫩蔓而影响植株生长。

已封顶投产的植株要改用尼龙绳绑蔓。一般40厘米绑一道，每道绳子要绕两圈，不要绑得太紧，要打活结。在台风到来之前，要逐园逐株进行检查，绑绳损坏的，要及时更换，以防主蔓脱柱扭伤。

二、摘花

（一）幼龄胡椒的摘花

插条繁殖的胡椒在养分充足时，随时都可以开花结果，消耗养分。因此，幼龄胡椒开的花要及时摘掉，限制结果，以促进蔓枝的生长和树形的形成。但也有一部分二龄以上将近封顶的植株，生长势强，冠幅达120厘米，可以适当保留植株下部的花穗，让其结果（即放半株花）。同时要加强施肥管理，保证植株正常生长。

（二）结果胡椒的摘花

结果植株在养分充足的情况下，一年四季均可开花结果，主花期在春、秋两季。在海南，9—11月气候凉爽，雨量充足，湿度大，胡椒抽生的花长，结果多，产量高；3—5月常遇干旱，胡椒开花少，穗短，结果率低，产量不高。因此，海南地区胡椒应放秋花，其他季节开的花应摘掉。在广东湛江或云南，胡椒冬季容易受寒害而落果，可以让植株放春花，其他季节开的花应摘掉。

三、摘叶

幼龄胡椒在绑蔓的同时可将主蔓和分枝基部的老叶摘除，使树冠内部通风透光，便于集中养分，促进蔓枝生长。

结果胡椒每隔2～3年对生长势强、冠幅大、老叶多的植株适时进行合理摘叶，可促进植株多开花，提高产量。一般在8月下旬摘叶，留长果枝顶端3～5片叶、短果枝1～3片叶。一般认为有1～3节的果枝称为短果枝，有4～7节的果枝称为长果枝。

综上所述，通过对树体的各项管理措施，可调节、集中养分，促进主蔓生长健壮，使树体通风透光，创造结构良好的树形。具有良好的树形，是胡椒取得高产的基础。因此，在胡椒树体管理过程中，既要重视幼龄胡椒的整形，又要注意结果胡椒的修剪，使其继续保持良好的树形。

思考题

1. 幼龄胡椒如何进行五次剪蔓？
2. 幼龄胡椒如何绑蔓？
3. 为了提高产量，结果胡椒应怎样摘叶？

第六章　胡椒施肥

本章提要与学习指导

本章详细叙述了胡椒的营养需求、施肥方法，还介绍了胡椒肥害和处理办法。重点掌握针对幼龄胡椒和结果胡椒如何施肥，包括施肥位置、施肥时间、施肥量和施肥方法。

第一节　胡椒的营养需要

一、胡椒对营养元素的要求

胡椒在生长发育过程中需要氮、磷、钾、钙、镁等大量元素，也需要铁、锰、锌、铜、硼、钼等多种微量元素。

根据分析，胡椒营养器官中氮、磷、钾、钙、镁之间的比值为 15.6∶1∶12.8∶10.6∶2.1，在胡椒果实中它们之间的比值为 13.3∶1∶9.7∶3.1∶1.2。可见，胡椒植株各器官中营养元素含量以氮最多，钾次之，再次为钙、镁、磷。

实践证明，胡椒需要较多的氮。氮肥对促进胡椒植株生长和开花结果有重要作用。缺氮时，胡椒植株生长受到抑制，主蔓节间短，生长势弱，叶片普遍黄化；氮肥过多，则植株叶大而薄，生长势强，枝叶过于茂盛，开花结果少，在红壤土植区这种现象比较常见。

在胡椒器官中磷含量虽然比较少，但能促进胡椒根系生长和花芽发育。磷不足时，叶片下垂，呈暗绿色，花芽发育亦受到影响。补足磷肥，将取得增产的效果。

钾是胡椒的一种重要营养元素，它对胡椒生长和果实发育有良好的作用。缺钾时，胡椒叶尖和叶缘组织坏死，质地变脆，呈浅灰色，叶片没有立即脱落的迹象。严重缺钾，植株会出现梢枯现象。而多施钾肥可使植株生长正常，果大籽粒重，提高产量。

胡椒对钙的需要也较多。缺钙时，胡椒叶缘组织坏死，受害叶片的叶柄轻轻一碰就会脱落。适当施用钙肥，中和土壤酸性，对胡椒生长是有利的。当施石灰过量时，土壤呈碱性，会使叶色变白，叶质变硬，蔓枝生长受到抑制。

镁在胡椒器官中的含量比磷稍多。缺镁时，叶片叶脉间变黄，严重时，叶片大量脱落，植株生长受到影响。

此外，铁、锰、锌、铜、硼等微量元素也是胡椒生长不可缺少的。缺乏这些元素，往往会影响胡椒的正常生长。在施肥管理中，应注意补充这些元素。

二、胡椒常用的肥料种类

胡椒生产使用的肥料种类很多，可分为两大类：有机肥料和无机肥料。

（一）有机肥料

这类肥料含有丰富的有机质和多种矿质养分，是完全肥料。有机肥料的肥效较迟，但肥效持续时间较长。在热带地区施用有机肥料，有利于促进土壤微生物活动，改良土壤理化性状，增加土壤养分，促进根系生长，延长植株的经济寿命。因此，在胡椒生产中，应重视有机肥料的施用。

常用的有机肥料有：牛粪、羊粪、猪粪、鸡粪、饼肥、鱼肥、绿肥、草木灰、火烧土、塘泥等。人畜粪尿、饼肥和绿肥一般沤制成水肥施用。牛粪、饼肥、鱼肥（不含盐）一般与塘泥或表土分层堆制腐熟后干施。新鲜鱼肥也可沤制成水肥施用。各种有机肥料的养分含量如表6-1。

表6-1　各种有机肥料的养分含量

肥料种类	养分含量/%			
	氮（N）	五氧化二磷（P_2O_5）	氧化钾（K_2O）	有机质
牛粪	0.34	0.16	0.40	20.30
羊粪	0.83	0.23	0.63	31.80
猪粪	0.45	0.19	0.60	25.00
鸡粪	1.63	1.51	0.85	25.50
堆肥	0.40 ~ 0.50	0.18 ~ 0.26	0.45 ~ 0.70	15.00 ~ 25.00
花生饼	6.39	1.10 ~ 2.00	1.00 ~ 1.30	—
芝麻饼	4.90	2.00	0.92	—
茶子饼	1.64	0.32	1.32	81.80
棉子饼	5.62	2.49	0.85	—
油茶子饼	4.60 ~ 5.40	1.50 ~ 2.20	1.40 ~ 1.50	—
椰子饼	3.74	1.30	1.96	81.97
蓖麻饼	5.50	1.50	1.50	—

（二）无机肥料（化学肥料）

这类肥料矿质养分含量高，所含养分比较单纯，施用后肥效快。

常用的无机肥料有：尿素、硫酸铵、硝酸铵钙、硫酸钾、氯化钾、钙镁磷肥和过磷酸钙等。这些肥料一般都干施，但前三种化肥在所沤水肥浓度不够时，可按一定比例加入到水肥中液施。过磷酸钙宜在用前一个月与有机肥料搅拌混合后干施。

有机肥料和无机肥料各有其特点，应根据胡椒生长和开花结果的需要配合使用。

三、有机肥料和水肥的堆沤方法

（一）有机肥料的堆制方法

胡椒生产中普遍使用的有机肥料为牛粪，有时还要加入饼肥、过磷酸钙和火烧土。堆制有机肥料所需各种肥料的用量，应根据胡椒生长发育不同时期对肥料的需要决定。一般作为基肥，牛粪与表土的比例为3∶7或4∶6；作为促进胡椒开花的攻花肥，牛粪与表土的比例为5∶5或6∶4。这些肥料一定要经过一段时间的堆制，做到腐熟、干净、细碎、混匀才能使用。堆制方法如下：

在胡椒园旁边位置较高的地方选取一小块平地，清理干净后铺上一层表土，牛粪就放在上面（牛粪的量按胡椒株数和次用量进行估算，其他肥料同样进行估算），然后盖上一层表土，做成肥堆。一个月后将整个肥堆彻底翻过一次，边翻边打碎，并且将牛粪内的树根、石头等杂物捡出来，再在上面盖一层表土，把肥堆好。

经20～30天，将肥堆彻底翻开打碎，再次做成肥堆，并在肥中间加入饼肥，在肥堆上面盖上一层表土。肥堆顶端微凹，随即淋水，让饼肥吸足水分，然后用杂草盖上。经20～30天发酵，肥就基本腐熟。这时将盖在肥堆上面的杂草拿开，把肥彻底翻开打碎，分层加入已打碎过筛的过磷酸钙和表土。再经过20多天，将肥堆翻开打碎的同时，加入已过筛的火烧土，充分混匀堆好，即可使用。

（二）水肥沤制方法

胡椒水肥可以用人畜粪尿（普遍用牛粪）、饼肥、绿肥和水一起沤制。肥料用量和水肥浓度可随胡椒树龄的增长而增加。小椒（一年生）、中椒（两年生）和投产胡椒（三年或三年以上）可以按1000千克水分别加入牛粪150千克、200千克和250千克，饼肥2千克、3千克和5千克，绿肥50千克的标准沤制。沤制期间要经过几次搅拌，一个月以后就可以使用。

第二节　胡椒施肥

一、幼龄胡椒施肥

幼龄胡椒的生长主要是营养生长，即根、蔓、枝、叶的生长。应以施速效水肥为主，配合迟效的有机肥料和少量化学肥料。

根据幼龄胡椒的生长发育特点，应贯彻勤施、薄施、生长旺季多施液肥的原则。

正常生长期20～30天施1次水肥。水肥如前所述由人畜粪尿、饼肥、绿肥和水沤制腐熟后施用。一龄椒每株每次施2～3千克，二龄椒每株每次施4～5千克，三龄椒每株每次施6～8千克，应视植株生长情况而定。如果水肥太浓可加水；浓度不够，每担可加复合肥料0.1～0.2千克。水肥一般在植株两侧冠外轮流沟施。注意高温干旱和雨后土壤湿度太大时不宜施肥。高温干旱施肥易发生肥害；土壤湿度大的情况下施肥，容易引起土壤板结。

春季施迟效的有机肥料和磷肥。一般每株穴状施肥（下文简称“穴施”）腐熟、干净、细碎的牛粪堆肥30千克左右，饼肥1千克，过磷酸钙0.25～0.50千克（红壤土可用0.5～1.0千克），并结合施有机肥料进行深翻扩穴，宜在植株正面和两侧轮流穴施

（详见本章第三节）。深翻扩穴工作是幼龄胡椒管理中必不可少的栽培技术，应在胡椒封顶放花前完成。

每次剪蔓前几天施1次质量较好的水肥，并视植株大小，每株加施复合肥料0.1千克，以促进蔓枝生长。

冬季胡椒生长缓慢或停止生长，一般不宜施速效氮肥，应施钾肥或复合肥料，每株施肥0.1千克。也可施火烧土，每株10～15千克，以提高植株抗寒能力。

二、结果胡椒施肥

结果胡椒的营养生长和生殖生长同时进行。在自然气候条件适宜时，抽枝叶的同时抽穗开花。如果条件不适合，花芽发育不正常，则仅抽枝叶不开花。胡椒果实的生长发育期长（抽穗开花至果实成熟需9～10个月），消耗养分多，植株常因养分不足，导致生长不正常，诸如生长停顿、梢枯、枝条自剪。要获得高产稳产，就必须及时施肥。

根据胡椒开花结果的物候期，结果胡椒一般每个结果周期施肥4～5次。每株施肥量大致为：牛粪或堆肥30～40千克、饼肥1千克、水肥40～50千克、尿素0.2～0.3千克、过磷酸钙1.5千克、氯化钾0.4千克、复合肥料1千克。

第一次重施攻花肥。一般在采果完后一个月，在雨量充足的情况下，植株中部枝条侧芽萌动时施下，时间约在8月。施肥量约占全年施用量的1/3。攻花肥以速效氮肥和磷肥为主，配合迟效的有机肥料和钾肥。通常植株施腐熟的有机肥料15千克、过磷酸钙0.25～0.50千克（与有机肥料混堆）、水肥10～20千克、饼肥0.5千克（沤水肥或与有机肥料混堆）、复合肥料0.2～0.3千克、尿素0.15～0.20千克、氯化钾0.15千克。开沟后，先施水肥，水肥干后施复合肥料，接着施有机肥料、尿素和氯化钾，然后覆土。若当年胡椒产量高，植株生长势较弱，也可以在7月初先施干肥，8月再施化肥，这样有利于植株早恢复，胡椒多开花，使来年产量有所提高，达到稳产的目的。

第二次施辅助攻花肥。胡椒萌芽后抽穗开花和枝条生长是同时进行的。如养分不足，将影响枝条生长和开花结果。因此，必须在萌芽期根据植株生长势适当施速效肥料。约在9月每株施水肥20千克、尿素0.10～0.15千克，以满足开花结果的需要，提高稔实率。

第三次施保果肥。随着果实的增大，所需养分逐渐增多，应进行施肥，满足果实生长发育的需要，提高抗寒能力，减少落果。约在11月，幼果如绿豆般大小时施下。每株施水肥10千克、饼肥0.25千克（沤水肥）、复合肥料0.25千克、尿素0.10～0.15千克、氯化钾0.15千克、镁肥0.1千克。这次施肥后，每株施火烧土5～10千克，或草木灰1～2千克。

第四次施养果养树肥。施养果养树肥是胡椒稳产的一项重要技术。施好养果养树肥能及时给植株补充养分，避免植株因结果多、养分不足而退化，保持或恢复生长势。在摘果施攻花肥后，植株能开较多的花，若当年高产，来年也会有较高的产量。养果养树肥一般在翌年3—4月施下，这个时期果实仍继续增大，干物质积累迅速增加，需要施肥，特别要施钾肥，以增加果粒重量，提高产量。结果少、生长势旺盛的植株，可以不施或少施、迟施。结果多、停止抽新梢的植株应早施、多施。一般每株施有机肥料20～30千克、过磷酸钙0.25～0.50千克、氯化钾0.15千克、饼肥0.5千克（与有机肥料混堆）、复合肥料0.15～0.25千克、尿素0.1千克。可在植株后面、两侧和四株之间挖穴轮施。

结果多、生长势弱的植株还要多施一次水肥，每株施10千克，另施尿素0.1千克。此外，胡椒植株生长需要的微量元素，可采用根外追肥的方法施用。在红壤土地区，结合松土，每株撒施石灰0.5千克用于增加钙肥与中和土壤酸性，对胡椒生长和结果都有利。

上述是一般的施肥期和施肥量。由于各地自然气候条件及每年植株生长发育情况不同，还要根据本植区留花季节、采果情况及生长势，适当提前或稍推迟施肥，也可适当增减施肥量。在红壤土地区，胡椒容易徒长，枝长、叶大、叶密，开花结果少，要注意平衡施肥。

第三节　胡椒施肥方法

胡椒施肥要注意方法，方法不对，容易引起肥害。胡椒的施肥方法应根据树龄、肥料种类、土壤类型来决定。实际生产中采用的施肥方法有浅沟施、穴施、撒施、根外追肥等。

一、浅沟施

水肥、化学肥料都采用沟施，腐熟的牛粪、堆肥等也可以沟施。幼龄胡椒一般在两侧沟施，沟离树冠叶缘10厘米，施肥沟从支柱向胡椒头延伸。沟长60~70厘米，宽20厘米，深5~10厘米。

注意施肥沟要呈水平状，否则，水肥就往低处流。结果胡椒在两旁半月形沟施，或在植株两旁和后面马蹄形环沟施。结果胡椒施攻花肥，既有水肥、化肥，也有干肥，一般都采用马蹄形环沟施。沟离树冠叶缘10厘米左右，深10~15厘米，多种肥料同时施时宜深些。遇到地面不平时，要分段挖沟，施肥沟要水平。多种肥料同时施时，应先施水肥，水肥被土壤吸收后再放干肥或化肥，然后覆土，使之略高出地面，防止施肥沟土下陷积水。浅沟施肥方法的施肥位置见图6-1。

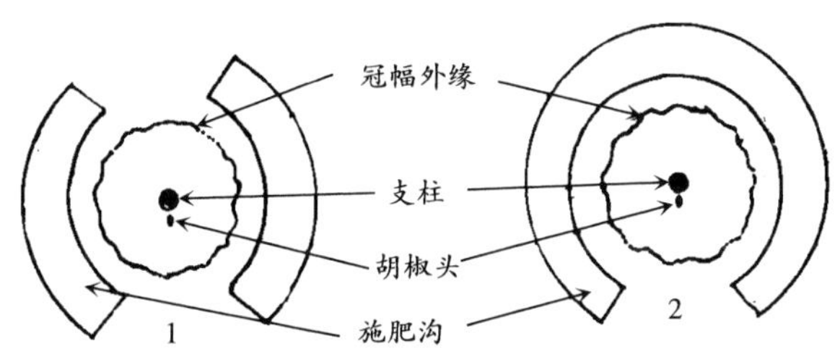

1. 轮沟施；2. 马蹄形沟施。

图6-1　浅沟施位置示意图

一般沟施水肥后都要覆土，但遇到透水性良好的土壤，沟施水肥后可在沟上盖草代替覆土。施第二次、第三次水肥时，可以不再挖沟，只要将前次施肥沟上的草拿开，施水肥后，将草盖回即可。

二、穴施

牛粪、堆肥等有机肥料一般都采用穴施。幼龄胡椒施有机肥料应结合深翻扩穴进行，宜在胡椒正面和植株两侧轮流穴施。正面穴施时，初次施肥穴内壁离胡椒头40～60厘米，施肥穴和植穴要连通，然后施两侧，施肥穴位置如图6-2所示。一般正面施肥穴长80厘米，两侧施肥穴长110厘米，都是宽30～40厘米，深70～80厘米。施肥时先将表土回穴至一半，然后将挑来的干肥倒在穴边与表土充分混匀，回土时要压紧，并稍高出地面。结果胡椒穴施的方法和幼龄胡椒基本相同，但施肥穴不宜太深，防止损伤较粗的根系。如结果胡椒施养果养树肥，挖穴长约80厘米，宽30厘米，深30～60厘米，随树龄的增大而逐渐浅挖。幼龄胡椒根系不发达，可采用小型挖掘机代替人工挖穴深翻，结果胡椒根系发达，为了避免伤根，不宜采用挖掘机挖穴施肥。

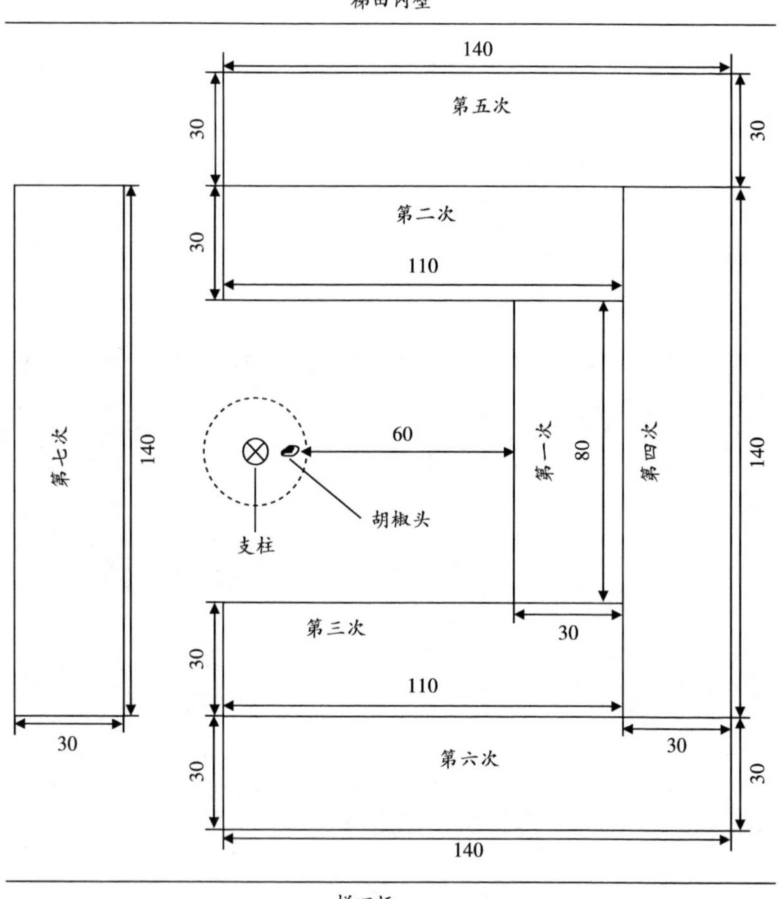

图6-2　深翻扩穴位置示意图（厘米）

三、撒施

施用火烧土、草木灰等肥料，一般是采用撒施的办法。先将肥料搅拌均匀，撒施于树冠下的地面及其周围，但不能撒在胡椒头上，避免伤害蔓节，引起病害。撒施后再浅松土。

四、根外追肥

胡椒在生长和开花结果过程中，有时需要补充一些微量元素。目前市场上植物叶面肥的种类很多，有些对胡椒生长和开花结果有辅助作用，可以根据胡椒生长发育的需要，采取根外追肥的方法。在胡椒所需叶面肥种类和使用浓度不明确的情况下，应先做试验，然后再大面积采用，否则徒劳无益。施用的浓度过大会使胡椒发生药害或肥害，造成不必要的损失。

第四节 胡椒肥害及其处理

胡椒肥害是因施肥不当而引起的一种生理性病害。肥害的情况虽有不同，但以施用未腐熟的牛粪、成块的过磷酸钙、咸鱼肥、化肥浓度大或直接施于胡椒头等造成肥害的现象较普遍，也有把石灰、草木灰、火烧土撒在胡椒头或地下蔓上造成伤根伤蔓的情况。

一、肥害的特征

肥害较轻的植株，初期没有明显症状，吸收根干枯变黑，很少长出新根。过一段时间后，嫩叶缺绿变色，后期叶缘叶尖出现干枯，刚成熟的叶有些褪绿，蔓枝生长缓慢，新梢极少，新抽生的少数蔓枝生长纤弱，节间短。

肥害较重的植株，施肥后第二天嫩叶会有轻度失水现象，部分嫩叶脱落，蔓枝生长缓慢或停止生长，后期叶片变黄、变硬，没有光泽。若处理不及时，施肥穴附近的根会变黑、干枯；土壤湿度大时，会继续腐烂并扩展到粗根。

肥害严重的植株，施肥当天叶片就失水下垂，外层老叶似烫伤状，叶缘及叶脉间组织坏死，随后整株叶片逐渐变黄、脱落。蔓枝断顶脱节，长期不能抽出新蔓、新枝，即使抽出新蔓，生长也不正常，呈现花叶现象。这时，施肥穴或施肥沟周围的吸收根及侧根绝大多数已干枯，大根（包括切口根）及地下蔓二、蔓三节黑皮腐烂，地下蔓中空或整株枯死。

为了避免肥害发生，干肥沤制一定要做到八个字：腐熟、细碎、干净、混匀。过磷酸钙应充分打碎过筛，与有机肥料混堆后施用。不要用咸鱼沤水肥或将其与干肥混堆施用。在水肥中加入化肥时，要注意使用浓度，且要充分搅拌，使其浓度均匀一致。不要把火烧土或草木灰撒施在胡椒头上。每次施肥时，要在同一方向挖施肥沟，避免漏施、重施。重施会使肥料浓度加大，容易引起伤根烂根。

二、肥害的处理方法

发现施水肥或化肥引起的肥害时，应及时将施肥沟挖开，用水冲洗，降低肥料浓度。待施肥沟干后，培回新土。施干肥引起肥害，早期发现时，应及时将肥料挖出来，用水冲洗施肥穴，将受害的根系切除。施肥穴干后，再培回新土。后期发现时，应挖开施肥穴，把根和蔓的黑皮刮掉，切除腐烂部分，随即喷1%的波尔多液加以保护，填进新土，并培高胡椒头，多埋进2～3节主蔓，促进新根生长，扩大根系。同时，根据地下根系腐烂切除的情况，适当摘除地上部分的叶、花、果，加强管理，促进植株恢复生长。

科学施肥已成为胡椒生产中一项效果显著的高产栽培技术，要把握施肥的浓度，掌握施肥的时间和方法。既要避免胡椒出现肥害，又要使胡椒速生快长，实现高产。胡椒每年在生长、开花、结果过程中，需要大量营养。为了达到速生高产的目的，必须根据胡椒不同生长发育时期对营养的需要，根据土壤状况、气候条件和肥料性能合理施肥。

思考题

1. 幼龄胡椒施肥应贯彻什么原则？

2. 结果胡椒每个结果周期要施几次肥？通常情况下，每一次施肥应在什么时间？

3. 胡椒肥害有什么特征？如何处理肥害？

第七章　胡椒园土壤管理

本章提要与学习指导

本章叙述了胡椒园松土、培土、覆盖和除草的方法及其作用。重点掌握如何保持胡椒园内清洁，土壤疏松通气、结构良好，做好水土保持工作。

一、松土

对胡椒园土壤进行松土，能改良土壤的物理性状，使之通气保水，有利于胡椒生长。同时土壤经过松翻暴晒，可灭菌，是一项重要的防病措施。

幼龄胡椒根系娇嫩，若土壤板结，新根抽生慢，根系不发达，植株生长不良，必须适时进行松土，创造一个有利于根系生长的环境条件。幼龄胡椒松土分为浅松土和深松土两种。浅松土在雨后结合施肥进行，松土时将植株周围的土壤锄松，深度10厘米。深松土每年进行两次，分别在3—4月和11—12月进行。每次松土时都要先在树冠周围进行浅松土，然后逐渐往树冠外围及行间进行深松土，深度约20厘米。结果胡椒园则在每年立冬和施攻花肥时各进行一次全园松土，先在树冠周围进行浅松土，后逐渐往树冠外围进行深松土，深度15~20厘米。松土时要将土块略加打碎，同时要注意结合维修梯田和胡椒垄一起操作。

二、培土

胡椒园长年遭受雨水冲刷，易致胡椒头下陷，基部蔓节、根系外露，旱季不耐旱，雨季易积水，引起水害烂根或病害死亡。胡椒园培土，可以使土壤增加养分，促进根系生长，提高抗旱能力。培土还能避免胡椒头积水，减少病害的发生，是防病和延长植株寿命的有效措施。一般每年或隔年在冬春季节培土一次，每次每株培上1～2担较为肥沃的新土。结果胡椒也可以在冬季结合松土进行培土。做法是先将冠幅内的枯枝落叶扫除干净，进行浅松土，然后把表土均匀地培在胡椒头周围。

三、覆盖

中国热带农业科学院香料饮料研究所的研究表明，胡椒园用椰糠覆盖后，土壤养分状况得到了改善，速效钾、有机质和全氮的含量都有所提高，尤其是在0～20厘米的厚土层。覆盖后的不同土层土壤的含水量亦比对照组（没有椰糠覆盖）高。覆盖后的土壤疏松，结构良好，土壤pH值没有明显变化，土壤水分蒸发减少，日温差减少，这些都有利于胡椒吸收根的生长，提高了胡椒植株吸收水分和养分的能力。同时，还可以防止杂草滋长，减少线虫为害。经观察，连续覆盖6年的胡椒园累计产量比对照组提高24.9%～30.5%，增产效果明显，经济效益显著。可见，对胡椒园进行覆盖是一项易操作且有明显效果的高产栽培技术。

通常采用的死覆盖物有稻草、椰糠、香茅草、杂草（没有再生能力的）和绿叶等。覆盖作业宜在旱季初期进行，采用根圈覆盖或全园覆盖。对保水性差的砂壤土、石子地可终年进行覆盖，排水不良的土壤雨季不要覆盖，胡椒瘟病园不宜进行覆盖。除了园内进行死覆盖外，还可在梯田埂上种覆盖作物，如宽卵叶长柄山蚂蟥、假地蓝（野花生）等豆科植物，以加强水土保持。此外，死覆盖物容易着火，田间管理时应注意防范火灾。

四、除草

胡椒园必须根据杂草生长情况，及时铲除杂草。一般1～2个月锄草一次。有条件时，也可用化学除草剂除草，如草甘膦（每亩有效成分0.15千克），可灭除香附子和茅草。但梯田埂上长的杂草可以修剪，不必除掉，以利于水土保持。

思考题

1. 胡椒园为什么要进行松土？
2. 胡椒园如何培土？培土有什么作用？
3. 覆盖胡椒园有什么作用？

第八章　胡椒园排水和灌水

本章提要与学习指导

本章说明胡椒园排水的必要性，叙述胡椒发生水害时的症状和处理办法，提出干旱季节抗旱灌水的措施，以维持胡椒的正常生长。重点掌握胡椒园排水的措施，胡椒水害的症状和处理办法，胡椒灌水的具体做法。

一、排水

胡椒最怕积水。在雨季，如果长时间连续降雨，排水不良，胡椒园水位上升或积水，会使根系腐烂，且容易引起胡椒瘟病的发生流行，造成植株大量死亡。因此，必须做好胡椒园的排水工作。除建园时要设置好排水系统外，每年雨季来临之前，应疏通排水沟，填平凹地，维修梯田。没有设置排水沟的胡椒园，更应按照规划要求，及时补挖大小排水沟。大雨过后，还应及时检查，排除园中积水。发现胡椒头下陷的，要用表土培高。连续降雨时，胡椒头易渍水，应在雨后晴天，用木棍将树冠下层枝条抬起，扫除枯枝落叶，使胡椒头通风透光，加快水分蒸发，避免积水烂根。

（一）水害的症状

水害程度轻的，地上部主蔓及枝条顶端嫩叶组织充水，略呈透明状，主蔓顶端呈深紫色，叶脉呈淡绿色，叶尖稍微翘起，植株中下部已稳定的叶片，呈深绿色，且光泽格外明显。这时土壤水分饱和，吸收根开始受害腐烂。水害程度严重的，阴天植株上部蔓、枝的嫩叶叶脉呈深绿色，叶缘稍微向叶背卷曲，叶片稍下垂，叶面没有光泽，呈轻度失水状态；晴天太阳照射后，叶片明显失水下垂，特别是嫩叶更为明显，这时下层根系和地下蔓底部1~2节开始腐烂，呈水渍状。

（二）水害的处理方法

首先要降低胡椒园的地下水位，即将胡椒园四周的环园沟和中间的纵沟加深。

水害程度严重的植株，应在离胡椒头50厘米的地方将土挖开，详细检查地下蔓和底部根系，将受害的蔓、根切除干净，然后用1%的波尔多液或1%的三乙膦酸铝（疫霜灵）喷射切口。晾干后，填进新的表土并踏实，使之高出地面，防止渍水。地上部分则根据地下蔓和根系的切除情况，适当摘掉部分叶、花、果，稍加荫蔽，加强管理，以利植株恢复生长。

二、灌水

在干旱季节，若土壤水分不足，会影响胡椒的正常生长和果实发育，引起植株落叶、落花、落果，甚至枯死。海南夏季有时气温较高，旱季长，面积大、缺少水源的胡椒园，往往由于抗旱不及时或水源不足，出现胡椒旱死的情况。因此，在干旱季节应及时灌水。若胡椒园有供水管，可采用浇灌，即用皮管直接供水或人工挑水的方式对胡椒植株进行浇水。每次浇水前后应把胡椒头周围的表土浅松。起垄栽培的胡椒园，可以进行沟灌，水位不宜超过垄高的2/3，让其慢慢渗透。有些胡椒园不平，可在垄沟中分段堵水，使全园土壤湿透。一般不宜淹灌，防止水害和传播病害。如有条件，可以采用喷灌。喷灌起动快，操作容易，效果较好。灌水一般在上午、傍晚或夜间土温不高时进行。在土壤温度较高的情况下，降阵雨或给幼龄胡椒灌水，根系容易被烫伤，引发花叶病。

思考题

1. 胡椒发生水害后有哪些症状？应如何处理？

2. 胡椒遇到干旱缺水时，有哪些灌水方法？在什么时间灌水较好？

第九章　胡椒支柱和栽植形式

本章提要与学习指导

本章介绍胡椒经常采用的几种支柱和怎样种柱、换柱，还介绍了胡椒常规种植以外的几种栽植形式。重点掌握胡椒石支柱和水泥支柱的规格以及其种柱和换柱的方法。

第一节　胡椒支柱

胡椒是藤本植物，需要攀缘在支柱上才能正常生长，形成圆柱形树冠。

胡椒支柱的种类较多，归纳起来可分为死支柱和活支柱两大类。

一、死支柱

死支柱有木支柱、石支柱、水泥支柱和瓦筒支柱等。

（一）木支柱

宜选用木质坚固耐用、圆而直的树干心材作支柱。柱长约3米（包括入土部分70厘米），头部直径12～15厘米，尾部直径10～12厘米。木柱可以就地取材，初期投资较少，但易腐烂，不耐用，需要多次更换。换支柱时容易扭伤主蔓和枝条，影响生长。同时木支柱也容易引起各种根病（如台湾相思、桉树等，易引起胡椒根病，不宜选用）。因此，木支柱在生产中已较少采用。

（二）石支柱

石支柱是用坚硬的大石头加工而成的。长约3米（包括入土部分70厘米），头部直径13～15厘米，尾部直径10～12厘米，且大小比较均匀。据调查，石柱靠近地面部分，直径小于12厘米时，容易被台风刮断或刮斜。入土部分深度不足70厘米时，容易被强台风刮倒。石支柱坚固耐用，不会出现更换支柱而损伤蔓、根的情况。但采用石支柱，初期投资大。夏季柱身温度高，最好用叶垫柱绑蔓，以利于主蔓吸收根牢固地吸附于支柱上。目前，生产上普遍采用石支柱。有时石支柱不够长，亦可用水泥接上一节瓦筒。

（三）水泥支柱

水泥支柱是用钢筋、水泥、沙和碎石制成的，断面以圆形为好。圆形水泥支柱长2.8～3.0米，头部直径12厘米，尾部直径8厘米，制造100条水泥柱需要6毫米钢筋350～380千克，强度等级为32.5的水泥750千克，沙1.3～1.4立方米，碎石1.6～2.0立方米。水泥、沙、碎石的比例为1∶2∶3。水泥支柱坚固耐用，在高温干旱季节对胡椒生长影响不大，但初期投资较大。目前，由于符合质量要求的石支柱紧缺，生产上采用水泥支柱的逐渐增多。

（四）瓦筒支柱

经各地试用证明，瓦筒支柱容易被台风刮断，时间久了，靠近地面处容易风化折断，生产上已不采用。

二、活支柱

提供胡椒攀缘生长的活的树叫活支柱。目前海南采用的活支柱有刺桐、厚皮树、苹婆、槟榔、椰子等。作活支柱的树种必须具有如下几个条件：

①插条容易成活；

②根系深扎，侧根较少；

③树皮粗糙，以利于胡椒攀缘；

④树干直，生长快，树冠稀疏；

⑤耐修剪，抗风力强。

活支柱要选择适当的树种，以便能控制地上部分的生长，减少与胡椒争夺水分和养分，使胡椒能获得较高的产量。

刺桐和厚皮树等活支柱要抓紧在雨季插植于大田，插条长约3米，入土深度70厘米，使根系扎得深些，减少与胡椒争水、争肥。

活支柱成活后，树冠将逐渐扩大，荫蔽胡椒。为了减少活支柱对胡椒生长和结果的影响，一般每年要修剪2～3次，特别是雨季前一定要修剪，防止胡椒园过分阴湿和活支柱被台风吹倒。高温干旱季节则少修剪或不修剪，使其具有一定的荫蔽作用，以利于胡椒生长。

三、种柱和换柱

胡椒永久支柱可以在胡椒种植成活后及时种上，有条件的也可以在定植之前就种上永久支柱。一般支柱离胡椒20厘米，入土深度70厘米。

插临时支柱的胡椒，在第二次和第三次剪蔓时，就要换上永久支柱。永久支柱损坏时，应及时换上新支柱，防止支柱倒伏而折断主蔓。换柱一般在中小胡椒剪蔓后或结果胡椒摘果后进行。先用三角架将主蔓顶部固定，然后小心地将气根从支柱上分离开，移动三角架，使主蔓脱离支柱，并将2支小棍插在换柱方向的两侧，将基部枝条拨开，挖出旧柱，维修旧柱洞穴，使洞穴靠胡椒头一边自上而下稍微倾斜，随即种上新支柱，并稍向植株方向推压，使支柱垂直，入土深度70厘米，然后培土踏实。封顶后的植株，新支柱地上部分高度一定要与旧支柱相同。新支柱种后要踏紧，柱头培土要高出地面，以防积水，引起病害。最后将主蔓均匀地在支柱上绑好。

第二节　栽植形式

为了充分利用土地和解决支柱问题，各地曾探讨新的栽植形式，并取得初步成效。这些栽培形式有：无支柱栽培、矮柱栽培和间作三种。

一、无支柱栽培

无支柱栽培也称花果枝栽培，是采用主蔓插条或果枝插条种植控制主蔓生长，使其矮化的一种栽培形式。其优点是不用支柱，投资少，管理方便，收获较早，种植一年就开花结果，两年便有收获，盛产期亩产可达50～100千克。

垦地后按等高定标、挖穴。栽培植株的株行距为（1.0～1.2）米×（2.0～2.5）米，亩植222～333株。植穴宽40～50厘米，深约40厘米。每穴施腐熟基肥5～10千克，混匀回土。

种植一般采用2～3节带有1～2个分枝的主蔓苗或3～4节果枝苗，每穴定植2～4苗。多苗定植，成丛快。多苗定植时，如采用主蔓插条，要深植，埋土深度可超过种苗顶端一节5厘米以上，以抑制抽出新蔓。单苗定植时，宜浅些，让其抽生新蔓和分枝，增加枝条数，扩大结果面。

植后一年内要特别注意荫蔽，直至枝叶能自行荫蔽主蔓基部为止。定植浅的植株，新蔓抽出后，保留第一层分枝，便剪掉顶芽，在起垄或培土时，将蔓埋入土中，抑制再抽新蔓，促进枝条生长。植后一年，便可将行间土壤锄松，按行起垄，垄呈龟背形，高度30～40厘米。

二、矮柱栽培

这种栽培形式是采用离地面1.5～1.7米的矮支柱，按1.5米的株距和2.0～2.5米的行距进行密植，以密植来弥补矮柱的不足，提高单位面积产量。这种方法，支柱容易解决，植株较矮，易管理，田间操作方便，树形形成快，结果早。其种植和管理方法与一般的栽培管理方法相同。

三、间作

有些作物可进行宽行栽培，为了充分利用土地，增加收入，可以在这些作物行间间作胡椒。间作胡椒可以采用矮柱栽培或无支柱栽培的形式。

在橡胶园间作胡椒，胡椒应与橡胶同时定植。橡胶采用宽行密植（行距10～15米），橡胶行间种胡椒3～5行。栽培管理方法与矮柱栽培或无支柱栽培相同。

思考题

1. 在胡椒生产中，石支柱和水泥支柱的质量要求如何？
2. 胡椒怎样换柱？

第十章　胡椒遭受台风危害后的抢救管理

本章提要与学习指导

本章介绍了台风对胡椒生产造成的破坏。提出胡椒常年的主要防风措施和台风后受灾胡椒的抢救管理技术。重点掌握胡椒遭受风害后的抢救措施和控制病害的发生流行。

一、台风对胡椒生产造成的破坏

台风对胡椒造成的破坏主要有：整株断柱倒地，被大风吹斜，脱顶脱柱，枝条折断扭伤，大量落叶、落花和落果。

由于台风带来大量降水，胡椒植株被台风吹袭后存在很多伤口，胡椒瘟病和胡椒细菌性叶斑病可能大面积流行。

二、胡椒主要防风技术措施

①胡椒园地不能过大，一般3~5亩；有条件时，最好划成长方形，东西走向，以利于防风；胡椒园周围要营造防护林；要设置排水系统。

②胡椒支柱大小和立柱深度要符合质量要求，避免被台风刮断吹倒。

③台风季节到来之前，要及时加固，避免植株树冠被台风刮脱顶或脱柱。

④胡椒头培土，避免因积水而诱发胡椒瘟病。

三、台风后受灾胡椒的抢救

受灾胡椒要按损伤的不同程度及时抢救。在天气好的情况下，先抢救断柱倒地的胡椒，后处理脱顶、脱柱胡椒和扶正斜柱胡椒，然后进行园地清理。

（一）整株断柱倒地胡椒的抢救

1. 胡椒支柱接近地面断倒

第一种情况，胡椒支柱接近地面断倒后，若胡椒大部分或所有主蔓都受损（断、裂、伤），没有成活希望，可以放弃抢救，然后将整株胡椒和断柱都清理到园外，准备补种。

第二种情况，胡椒支柱接近地面断倒后，若胡椒大部分或所有主蔓完好，应及时抢救，先将主蔓的绑绳解开（顶端的绑绳保留），并细心地将主蔓剥离原断柱，接着把断柱挖出来，换上符合标准的新支柱。然后用支架将胡椒主蔓扶起，并移动新的支柱，用尼龙绳将主蔓绑到新支柱上，最后在断倒植株基部淋上25%甲霜灵可湿性粉剂500倍液5千克。

2. 胡椒支柱中间断倒

胡椒支柱中间断倒，胡椒部分或全部主蔓受损（断、裂、伤），可在主蔓受损的位置（以主蔓受损最低的位置为标准）将主蔓剪掉，把断柱挖出来，换上符合标准的新支柱，然后将保留下来的下段主蔓绑到新的胡椒支柱上。并在受损胡椒的主蔓基部淋上25%甲霜灵可湿性粉剂500倍液5千克。此后加强水肥管理，促进胡椒抽出新的主蔓。

（二）被大风吹斜的胡椒抢救

及时将胡椒支柱扶正，将土填实。然后淋上25%甲霜灵可湿性粉剂500倍液5千克。

（三）脱顶脱柱的胡椒抢救

脱顶脱柱的胡椒，应先将受损的主蔓或枝条剪掉，然后用尼龙绳重新绑好。

（四）排除胡椒园积水，控制病害发生流行

台风带来大量雨水，应及时人工排除胡椒园积水，避免病害的发生流行。若发现病害，应及时隔离，并采用药物防治。

（五）加强施肥管理

胡椒植株经台风吹袭后，生长势弱，要经过一个阶段的恢复期才能正常生长。因此，台风后要针对不同类型胡椒及时施一次肥，促进胡椒早日恢复正常生长。

思考题

1. 台风后胡椒支柱接近地面断倒或胡椒支柱中间断倒，应如何抢救？

2. 台风后如何控制胡椒病害发生流行？

第十一章　胡椒病虫害防治

本章提要与学习指导

本章详细叙述了胡椒几种病害的症状、病原、发生和流行规律及其防治措施，还叙述了几种害虫的防治方法，并介绍了常用农药波尔多液的配制方法。重点掌握胡椒瘟病、胡椒细菌性叶斑病和胡椒花叶病的发病症状及防治措施。

第一节　胡椒病害防治

胡椒病害较多，为害比较严重的有胡椒瘟病、胡椒细菌性叶斑病、胡椒花叶病，其次有胡椒炭疽病、胡椒线疫病、胡椒菌核病、胡椒根结线虫病等。

一、胡椒瘟病

胡椒瘟病又称茎腐病、黑水病，是世界胡椒产区的主要病害之一，危害极大。此病在印度、马来西亚、印度尼西亚、柬埔寨、巴西等胡椒种植区很普遍。我国主要发生在海南及广东湛江部分胡椒种植区。

（一）症状

胡椒瘟病病菌可以侵染胡椒根、蔓、叶、花、果，以侵染胡椒主蔓基部危害最大。染病植株往往由于主蔓基部腐烂，整株突然凋萎枯死。胡椒瘟病病菌侵染的部位不同，其症状也有差别。

胡椒主蔓基部染病部位多发生在地表上下约20厘米处。染病初期外表皮没有明显的症状，但内皮层和木质部已变为黑褐色。纵剖主蔓可见导管变黑，黑褐色条纹上下扩展，病健交界不明显。后期外表皮变黑，木质部组织腐烂松散，有时还流出黑水，根系病部也变黑，但植株底层根往往完好，这与水害是底层根腐烂、肥害则是施肥穴根腐烂有明显区别。

胡椒嫩蔓多数从节上感染，枝条则从伤口感染。病部变黑，呈水渍状，严重时逐节脱落。

胡椒叶片病斑是鉴定瘟病的重要的标志。一般是植株下层叶片先染病，叶片中部病斑为圆形，叶缘和叶尖病斑分别为半圆形和三角形。将叶片对着阳光观察，可见到黑色病斑边缘向外呈放射状。后期叶片脱落。潮湿时，叶背或叶缘病斑出现一层白色的霉状物，这就是致病菌的孢子囊和孢子梗。晴天或天气干燥时，病斑变成灰褐色并干枯，霉状物消失。

胡椒花穗和果穗从穗的末端开始感染，病部变黑，呈水渍状，逐步向花柄、果柄扩展，最后整穗脱落。

（二）病原

胡椒瘟病的病原为辣椒疫霉（*Phytophthora capsici*）和寄生疫霉（*Phytophthora parasitica*），属疫霉属。

菌丝为无色透明的丝状体，一般无隔膜，多核，分枝少，较老的菌丝有隔膜。孢子囊呈船形、梨形或椭圆形，顶端具明显的乳头状突起。孢子囊直接萌发时，产生1～2条芽管；间接萌发时则释放游动孢子。游动孢子呈肾形，具两条鞭毛，静止时为圆形。

（三）发生和流行

1. 病害的发生

胡椒瘟病全年均可发生，在海南主要发生流行于雨季后期（9—11月），其发病情况和降雨量有很大关系。在大多数情况下，先是胡椒园的入口、路边、坡下或水沟边的植株，其贴近地面的外层叶片出现病斑，或出现个别死亡植株。在雨季（8—11月），发病的胡椒园将出现大量病叶。流行期间，枝条、嫩蔓、花、果大量感染，在11—12月会出现大批植株枯死的现象，到了翌年低温干旱期，病情逐步减轻。

2. 病害的流行

胡椒瘟病流行有一个过程，根据多年对发病胡椒园的调查，大致分为4个阶段，即中心病株（区）出现阶段、普遍蔓延阶段、严重发病死亡阶段、流行速度下降阶段。

根据胡椒瘟病发生流行的特点，防治工作必须抓早、抓紧，将病害消灭于发生初期，即中心病株（区）出现阶段。

3. 侵染源、传播方式、侵染途径

（1）侵染源

病菌主要来源于带菌的土壤，病（死）株的根蔓、残枝和落叶，还有其他寄主。

（2）传播方式

病菌靠雨水、地面流水、风、人畜、工具和种苗等传播。雨水将土壤中的病菌溅到下层叶片上，使植株感染，叶片上的病菌孢子囊又被雨水冲到土壤中，随流水传到其他植株或附近胡椒园。人们在胡椒园内操作时，鞋和工具都可能带菌。台风期间雨水可将病叶或病菌传到更远的胡椒园。大蜗牛在植株之间爬行或者取食胡椒染病叶片后排出的粪便也成为传播病害的媒介。

（3）侵染途径

病菌孢子的芽管可从植株伤口侵入，植株幼嫩组织较易感染。

4. 影响病害发生和流行的因素

（1）气象因子

在气象因子中，降雨（特别是台风后的连续降雨）是病害流行的主导因子。连续降雨，增加了土壤的湿度，伴随着较低的气温，造成病菌的繁殖、传播和侵染。游动孢子在水膜中萌发，从叶片气孔和伤口侵染，几天后长出孢子梗和孢子囊，通过雨滴溅射、风力传播和地面径流继续向四周传播。

台风是加剧胡椒瘟病流行的重要因素。台风可以吹倒或摇动胡椒支柱，造成根系、枝条、叶片的大量伤口，提高了病菌侵染的可能性。台风还能将感病叶片和孢子囊传播到无病园区，造成胡椒瘟病远距离传播。万宁市长丰镇农场的胡椒曾经有一次由于台风的影响，造成胡椒瘟病大流行，胡椒大面积死亡。

根据海南几个胡椒瘟病流行年的雨量资料分析，流行季节降雨量大，当8—10月或9—11月这3个月的总降雨量超过1000毫米时、病害就有可能流行。

（2）土壤

胡椒瘟病的发生、流行与土壤质地、地形地势有较大的关系。土壤黏重、排水不良、低洼积水的地方发病流行较多；反之，排水良好、土壤沙质的地方则发病比较少。

（3）栽培管理

胡椒瘟病的发生、流行和栽培管理有密切的关系。如选地不当，地势较低，易积水；建园时没有设置排水系统，或排水沟长期失修；胡椒园过分集中，地块之间没有种植防护林；植株长期没有培土以致主蔓基部低陷积水；雨天湿度大时，在病园操作，或胡椒园靠近居民点，人和牲畜经常在园里走动，不注意隔离；换柱、施肥不注意，损伤了胡椒主蔓基部或根部；等等。这些都易于胡椒瘟病的发生和流行。

（4）品种

目前普遍栽培的大叶种易染病。

（四）鉴别方法

1. 形态鉴别

病株形态表现为整株叶片突然凋萎青枯。

2. 显微镜鉴别

将从胡椒园内捡到的病叶在室内保湿一夜，在显微镜下检查是否有疫霉菌乳头状突起的孢子囊。

3. 人工接种诱发鉴别

用新鲜胡椒叶接种病菌诱发病斑，以检查胡椒园病株周围土壤和病死株组织是否带菌。

（1）检查土壤的方法

在病株主蔓基部附近取土约0.5千克（表面5厘米的土不要），到无病园摘胡椒叶5～6片，放入培养皿内或干净的碗内，将一半土壤放在皿内的叶片上，然后再放几片叶，将剩余的土壤盖上，再加入干净的水至土壤湿透，置于阴凉处2～3天，将叶片取出洗净，检查叶片是否被侵染而出现胡椒瘟病的典型病斑。如病斑不清晰，可保湿一夜再检查。也可以在雨天将新鲜胡椒叶片直接插入病死株胡椒头的土壤里，2～3天后取出检查有无出现病斑。

（2）检查病株组织的方法

在病株病健交界处切取组织小块数块，放到新鲜胡椒叶片上，盖上湿棉花（或草纸），在培养皿中保湿3～4天，然后检查叶片是否出现典型的胡椒瘟病病斑。

（五）防治措施

胡椒瘟病防治要贯彻“预防为主，综合防治”的方针。降雨过多是瘟病发生的主要因素，因此应采取以控制胡椒园水分为主的农业措施。尽早发现病害，及时、适当地使用化学农药，最大限度地消灭病菌，控制病害的发生。减少主蔓基部的感染是控制病害流行的关键。总之，采取以农业技术为主、药物保护为辅的综合防治措施，能有效地控制病害的发生和流行。

1. 农业防治措施

①新植区严格检疫，选用无病种苗。

②选择排水良好的地块建园。胡椒园面积不宜太大，也不要过分集中。要种好防护林，设置排水系统。修筑等高梯田或起垄栽培。

③清除园内枯枝落叶，旱季开始时松土晒土；适当修剪植株基部枝条，并进行培土。

④发现病情，立即隔离。

⑤了解气象情况，尤其是雨情和台风预报，及时做好预防工作。

2. 药物防治措施

在病害流行季节，对易发病的胡椒园应定期喷1%的三乙膦酸铝或喷1%的波尔多液以保护贴近地面的下层枝和主蔓基部。若有病害出现，在露水干后将病叶摘除烧毁，病株喷1%波尔多液或0.5%的三乙膦酸铝加以保护。中心病区树冠下土壤用1%三乙膦酸铝或25%的甲霜灵可湿性粉剂500倍液消毒，株行间用1%硫酸铜溶液消毒。土壤湿度大时，可改用1：10粉状硫酸铜和砂土混合，撒在病区土壤表面进行消毒。病害流行期在胡椒园进出口处撒硫酸铜粉进行消毒。

及时挖掉病死株，挖净穴内病死株根系，植穴曝晒半年以上或用25%的甲霜灵可湿性粉剂500倍液进行消毒土壤。

二、胡椒细菌性叶斑病

胡椒细菌性叶斑病对生产危害较大，是仅次于胡椒瘟病的又一重要病害。兴隆华侨农场某队曾发生胡椒细菌性叶斑病大面积流行，当时36个胡椒园，发病率达73.8%，病死株占50%，造成很大损失。海南万宁地区曾有一年连续刮了4次台风，导致万宁市礼纪镇竹林村一带胡椒细菌性叶斑病大流行，几乎造成毁灭性的打击。目前，广东、云南、福建和广西等胡椒种植区也有此病发生。

（一）症状

细菌性叶斑病可在不同年龄的胡椒园发生。它主要为害叶片，也为害主蔓、枝条、花序和果穗。叶片染病初期出现多角形水渍状病斑。数天后，病斑呈紫褐色，随后逐渐变黑褐色。到了后期，许多病斑汇合成一个灰色的大病斑，边缘有黄色晕圈。病健交界处有一条紫色分界线。雨天或早晨有露水时，叶片上的病斑背面往往出现细菌溢脓，干燥后形成一层透明胶状薄膜。

主蔓和枝条多从自然孔口或伤口处感染，病部出现不规则形的紫褐色病斑，后转紫黑色，剥开病部组织，可见导管已变色。

花序、果穗一般从末端或中部开始感染，病部呈紫黑色，容易脱落。

病情严重的植株，叶片和枝条不断脱落，树冠不断缩小，只剩下几条光秃的主蔓，丧失生产能力，甚至整株死亡，造成严重减产失收。

（二）病原

为野油菜黄单胞菌蒌叶致病变种（*Xanthomonas campestris* pv. *betlicola*），属革兰氏阴性细菌。病菌除侵染胡椒之外，还能侵染蒌叶、假蒟、海南蒟。

为害胡椒及其同属植物引起细菌性叶斑病的细菌还有：丁香假单胞菌（*Pseudomonas syringae*）和胡椒叶斑病菌（*Xanthomonas axonopodis* pv. *betlicola*）。

（三）发生和流行

胡椒细菌性叶斑病的发生和流行与气候、环境条件及栽培管理情况有密切关系。该病全年均可发生，主要流行于台风季节。台风是引起此病发生和流行的主要因素。胡椒由于遭到台风袭击，出现大量伤口，为病菌的侵染提供了条件。同时，刮台风、多雨、气温低、湿度大，有利于病害的流行；天气高温干旱或低温干旱都不利于病害的发生和流行。防护林营造得好的胡椒园，防护作用大，发病轻；若胡椒园面积大，远离防护林或迎风面，特别是风口植株，则发病重。一般管理精细，防病及时，植株增施有机肥料，生长势强，抗病能力强，发病较轻；反之发病重。

（四）防治措施

胡椒细菌性叶斑病的发生和流行有一个过程。先在个别胡椒园出现中心病株，之后通过风雨的传播，逐渐向周围植株或其他胡椒园扩展。因此，此病防治要抓早、抓紧，在病害发生初期就要控制消灭。否则，防治不及时，病害传播蔓延面积大、时间长，增加了防治的难度。其防治措施如下：

①选用无病健壮的种苗，禁止使用带病种苗。

②胡椒园不要太大，以3～5亩为宜。要营造完整的防护林，设置排水系统。

③保持胡椒园清洁，清除园内枯枝落叶，并进行培土松土。

④加强管理，多施有机肥料，增施磷钾肥，使植株生长健壮，提高抗病能力。

⑤发现中心病株，应尽快清除。将病株的病叶及其周围的叶片、病枝、病花、病果及时摘除烧毁。病株喷1%波尔多液或1%三乙膦酸铝。中心病株连续摘除病叶和喷药几次，做到彻底消灭。发病比较多的胡椒园，要经常摘除病叶、修剪病枝和喷药以保护健康的枝、叶，并且要在高温干旱或低温干旱季节和台风季节到

来之前抓紧做好防护工作。

三、胡椒花叶病

胡椒花叶病是由病毒引起的病害，也叫病毒病。海南植区常有此病发生，对胡椒生产很不利。此外，广东、广西、云南、福建胡椒栽种地区都有此病发生。

（一）症状

受害植株生长受到明显的抑制，植株矮小。植株染病后，主蔓萎缩，节间变短，叶片皱缩变厚、卷曲、变小、黄化或花叶，开花结果不正常，花穗多而变短，结果很少，产量低。

（二）病原

胡椒花叶病的病原为黄瓜花叶病毒（Cucumber mosaic virus，CMV）。

（三）发生和流行

黄瓜花叶病毒的寄主很广，且有许多病毒株系。已知为害胡椒的黄瓜花叶病毒的寄主有胡椒、假蒟、蒌叶和假酸浆。

蚜虫（*Aphis spiraecola*和*Aphis gossypii*）和汁液摩擦传毒等方法均可传病。染病时期、环境条件与症状表现也有密切关系。

胡椒花叶病还与栽培管理、气候条件有密切的关系。胡椒种苗质量差，植后难抽蔓，容易出现花叶；胡椒肥害或水害后，根系受损，容易出现花叶；胡椒中小苗以营养生长为主，管理差，养分不足，容易出现花叶；高温干旱期间割蔓，容易出现花叶；夏季昼夜温差大，胡椒园环境突变，容易诱发花叶；气温高和较干旱的地区，花叶病相对严重。

（四）防治措施

①选用健康无病的种苗，在健康植株上切蔓作繁殖种苗，表

现花叶症状的病苗须全部集中烧毁。

②加强管理，幼苗枝条未能自行荫蔽胡椒头之前，不能除去荫蔽物；合理施肥，增强胡椒的抗病能力；管理过程中，避免肥害和水害。

③不要在高温干旱时期割苗，割苗前后要施足水肥，促进新蔓生长。

④高温干旱季节，避免土温高时灌水和施肥。

⑤高温烈日期间，胡椒园可适当荫蔽，垄上覆盖，以降低胡椒园气温和土温。

⑥发现花叶症状的病株或生长不良的植株，应及时挖除烧毁，然后补植。

四、胡椒炭疽病、胡椒线疫病、胡椒菌核病

这三种病害均由真菌侵染引起。

（一）胡椒炭疽病

1. 症状

胡椒炭疽病大多数发生在叶片的叶尖和叶缘，病斑呈灰褐色，有淡黄色晕圈，病斑上有小黑点（即分生孢子堆），排列成同心轮纹状。

胡椒结果多年、管理差、早衰或者根部受害的植株发病较严重。海南冬、春季节发生较多。此病在广东、云南也有发生。

2. 病原

病原为胶孢炭疽菌（*Colletotrichum gloeosporioides*），属半知菌亚门炭疽菌属。

3. 防治措施

加强管理，增施肥料，提高植株的抗病能力。发现病株，摘除病叶，用1%波尔多液或1%三乙膦酸铝或50%多菌灵可湿性粉剂500倍液，每隔7天喷药1次，连续喷施2次。

（二）胡椒线疫病

1. 症状

此病主要为害胡椒枝、叶，有时也为害主蔓。在为害的枝、蔓上可看到一条条白色的菌索附在表面，受害叶片干枯，被明显的菌索连在一起，挂在枝上不落地，整个叶背长满一层白色菌索。防护林边缘，容易发生此病。

2. 病原

此病由鲑色伏革菌（*Corticium salmonicolor*）引起。海南植区有此病发生。

3. 防治措施

摘除胡椒病叶，剪除病枝，然后喷1%波尔多液或1%三乙膦酸铝1～2次。

（三）胡椒菌核病

1. 症状

此病主要为害靠近地面的叶片。受害叶片上分布不规则形的黑褐色病斑，病斑逐渐扩大，致使叶片干枯。由于白色蜘蛛状菌丝的生长，干枯的叶片与健康的叶片粘连在一起。潮湿时，枯叶上长出圆形褐色至近黑色的小菌核。细嫩枝条染病后会脱落。

胡椒菌核病的病菌最初来自土壤，胡椒一旦感染就通过叶片之间的相互接触传播病害。植株下部叶片受侵染后，逐步蔓延到上部叶片，生长势弱的植株染病后，容易整株死亡。老胡椒往往从顶部开始发病。

2. 病原

病原为立枯丝核菌（*Rhizoctonia solani*），属半知菌亚门丝核菌属真菌。

3. 防治措施

修剪贴近地面的胡椒枝叶，清除田间的枯枝落叶，不要过于密植；病株清除病叶、病枝后，喷射1%波尔多液或50%多菌灵可湿性粉剂500倍液有一定防治效果。

五、胡椒根结线虫病

胡椒根结线虫病是植物寄主性线虫侵入胡椒根部组织引起的，除为害胡椒外，还为害咖啡、香茅、木瓜等热带作物。此病分布广泛，在我国各胡椒栽种地区都有发生。

（一）症状

胡椒根结线虫直接侵害胡椒根系，多开始于根端，被害根组织受到线虫分泌物刺激后，细胞异常增殖而膨大，呈现形状、大小不一的根瘤，像豆科作物的球形根瘤为多数。由于幼根生长点未遭损害而继续生长，根端继续受害而发生根瘤，使被害的根呈念珠状。

根瘤初形成时为白色，后转为褐色，最后呈黑褐色时根瘤开始腐烂。根瘤旱季干枯开裂，雨季腐烂，影响吸收根的生长和对养分的吸收。受害的胡椒生长停滞，节间变短，新抽嫩叶久不转绿，即使转绿，叶脉仍呈黄色，植株根部严重受害，落花落果，甚至整株枯死。对幼龄胡椒影响较大。

（二）病原

病原为根结线虫（*Meloidogyne* spp.），属于线形动物门，线虫纲，垫刃目，根结属。此虫雌雄异体。

（三）发生与流行

根结线虫的寄主有很多，分布广泛。同时，感染根结线虫是由于直接将寄主种植于染有根结线虫的土壤中。在海南此线虫世代重叠，在土壤中一龄幼虫终年都可被发现，因此，寄主也是终年可被侵染。

如果管理水平高，胡椒根系发达，生长势强，对线虫的抵抗力也会增强，虽然植株根部受害，但是地上部分可不表现出病态或表现出较轻症状。

（四）防治措施

①不宜选用前作严重染病的地块培育胡椒苗或种植胡椒。

②开垦胡椒园时深翻土壤40～60厘米，反复翻晒2～3次。有条件的可引水浸园2个月以上，排水干燥后再整地种植胡椒。

③进行覆盖，深翻扩穴，将胡椒根系引入深层，可减少线虫为害。合理施肥，增强植株生长势，提高对线虫的抵抗力。

④可以适当施用0.5%阿维菌素颗粒剂20~35克/株处理土壤。严重的可将受害根切除，填回新表土，加强水肥管理，促使其恢复生长。

第二节　胡椒虫害防治

一、粉蚧

腺刺粉蚧（*Ferrisia virgata*）为害胡椒嫩梢和果穗。受害叶片变黄卷曲、脱落，主蔓顶芽干枯，果实发育不良，易早期落果。旱季粉蚧为害较重，雨季虫口密度显著下降，为害较轻。喷波尔多液过多时容易引起粉蚧的发生。粉蚧为害时，可用40%氰戊菊酯乳油500～800倍液喷2～3次。

根粉蚧的若虫及雌成虫生活于胡椒根部，为害地下蔓和根系，造成胡椒植株生长势减弱，产量下降，幼龄胡椒受害严重时整株死亡。将二溴磷埋入离土表5厘米的植株根旁的土中具有一定防治效果。

二、茶角盲蝽

茶角盲蝽（*Helopeltis theivora*）为害胡椒幼嫩枝叶、嫩花和幼果，使受害叶片呈水渍状多角形斑，弯曲变形，嫩花扭曲变黑，幼果变黑和干枯。感染面积大时可喷40%氰戊菊酯乳油500~800倍液防治。

如发生蚜虫、刺蛾、蚂蚁、金龟子等昆虫为害时可用菊酯类杀虫剂喷杀。

第三节　胡椒园常用农药配制方法

一、硫酸铜溶液

硫酸铜溶液是一种广谱杀菌剂，由硫酸铜和水配制而成。硫酸铜溶液对消灭胡椒瘟病病菌有显著效果，但是对作物有药害，除了胡椒瘟病流行，需要给植株落叶灭菌时喷洒此溶液外，一般只作土壤消毒用。

配制硫酸铜溶液的浓度以50千克水里加入多少硫酸铜来计算。如配1∶100倍的硫酸铜溶液，即50千克水里加入0.5千克硫酸铜。其他浓度依此类推。

农业生产中常用的硫酸铜有两种。一种是粉状硫酸铜，质量较纯，容易溶解于水。另一种为块状硫酸铜，杂质较多，比较难溶解于水。使用时先将硫酸铜用纱布包住，吊在水中，这样能减少杂质；或者先用少量热水将硫酸铜溶解，再加入足量的水。

硫酸铜会同铁等金属发生反应，配制硫酸铜溶液时要避免使用金属器皿。

二、波尔多液

波尔多液是一种良好的保护剂，由硫酸铜、石灰和水配制而成。在海南，胡椒园使用的浓度为1∶2∶100（硫酸铜∶石灰∶水）。如配制波尔多液所使用的石灰质量差，其用量可适当增加一些。

配制方法：先将硫酸铜与石灰分别溶解在两个木桶中（或塑料桶），各用一半水，如石灰质量差，可先行过滤，配成石灰乳，然后将石灰乳及硫酸铜溶液同时倒入另一个木桶中，边倒边搅拌均匀，配成天蓝色的波尔多液。或者用3份水配制成石灰乳，7份水配制成硫酸铜溶液，然后将硫酸铜溶液慢慢倒入石灰乳中，充分搅匀。没有配好的波尔多液很快就会沉淀，并分成两层，上面一层是澄清液，下面一层是蓝色沉淀物。如果用这种波尔多液喷射胡椒，就会出现药害，造成落叶，这是由于石灰质量不好或用量不够导致的。配好的波尔多液，可先用磨亮的铁制小刀浸入药液内检查，如小刀表面变成棕红色，说明石灰量不够，使用时会发生药害。当天配制的波尔多液要当天用完，若存放时间过长则会产生沉淀。

思考题

1. 胡椒瘟病在什么条件下容易发生？发生胡椒瘟病后，胡椒的各器官有哪些被侵染的症状？

2. 如何防治胡椒瘟病？

3. 胡椒细菌性叶斑病的症状如何？此病的发生和流行跟哪些因素有关？

4. 如何防治胡椒细菌性叶斑病？

5. 胡椒花叶病的症状如何？应怎样防治？

第十二章　胡椒收获和加工

本章提要与学习指导

本章叙述胡椒的收获标准及两种加工方法。重点掌握胡椒的收获标准和加工方法，并重视胡椒的加工质量。

第一节　收　获

胡椒植后2~3年封顶放花，3~4年便可收获。收获期因品种、地区和放花时间的不同而异。目前我国栽培的大叶种，在海南放秋花的收获期为翌年5—7月，放春花的在翌年1—2月。胡椒果实收获期长，要分批采收。整个收获期采果5~6次，每隔7~10天采收一次。胡椒采果要适时。若果穗尚未老熟就采收，由于干物质积累不够，将造成胡椒的产量和质量下降。若采果过迟，果太熟，则会落果，造成损失，且由于挂果时间长，植株养分消耗大，采果后恢复迟缓，影响来年开花结果，进而造成减产。一般果穗上有2~4粒果变红就整穗采收。最后一次采果时，为了保证植株有40天以上的恢复期，应将植株上的所有果穗（包括不成熟的）采完，以免影响下次开花结果。在海南，通常7月末就要把果采完。

第二节　加　工

目前商品胡椒主要有黑胡椒和白胡椒两种，加工方法都比较简单。

一、黑胡椒的加工方法

黑胡椒是将接近或刚成熟的果皮仍硬、色尚未转黄的胡椒果穗直接晒干或烘干而成。果穗晒3～4天后果皮便皱缩，于是用木棒打脱果粒，除去果梗，再充分晒干，用鼓风机除去果梗、枝叶、灰尘等杂质，便成为商品黑胡椒。果穗若用50摄氏度热水浸泡5分钟，晒一天就很容易脱粒和晒干，外观也好看。亦可直接将鲜果穗经脱粒机脱粒，然后冲洗，将冲洗后的果粒用烘干机烘干，温度控制在49～60摄氏度，干燥24小时便可。一般100千克鲜果可制成32～36千克黑胡椒。

二、白胡椒的加工方法

白胡椒是用成熟的鲜果浸泡，除去果皮、果肉后干燥而成的。

（一）浸泡

将果穗放入加工池内（或装入清洗过的肥料袋内并置于流水中），浸7～15天，至果皮、果肉腐烂为止。池内的水要求是流动的，或每天换水1～2次，浸泡时间不能太长，这样制成的白胡椒洁白、无臭味。在不流动的水中或长期不换水的环境下长期浸泡加工而成的白胡椒，色较黑，有臭味，质量较差。

（二）洗涤

当果皮腐烂时，将加工池中的水排干，就在池内直接用脚充分踩踏，或将浸泡好的果实置于木桶或竹箩中踩踏，去皮，最后用水反复冲洗，除去果皮、果梗，直至洗净。果实数量较多时，最好用脱皮机脱皮和冲洗。一般在晴天上午完成这项工作。

（三）干燥

将洗净的胡椒粒置于晒场晒2～3天或放在43摄氏度左右的烘干房中烘24小时，胡椒粒含水量降至12%～14%为止。经风选后便成为商品白胡椒。根据群众经验，可用牙咬胡椒粒来判断是否干燥，如咬声清脆，胡椒粒裂成4～5块，就可认为干燥适度。如胡椒粒干燥度不够，则会颜色暗淡且香辣气味不足，影响商品质量。一般鲜果100千克（秋果）可加工25～30千克白胡椒。1千克白胡椒有19000～24000颗胡椒粒。

（四）机械脱皮

白胡椒加工除了传统水泡法外，还有机械加工法。采用机械加工法生产的白胡椒具有品质高、香味浓郁、效率高等优点，近年来已有企业引入白胡椒脱皮机。但机械加工法还存在破损率高于传统水泡法等问题，白胡椒脱皮机需要进一步研发，以便更好地推广。

三、商品胡椒的质量要求

根据中华人民共和国国家质量监督检验检疫总局和中国国家标准化管理委员会2018年2月6日发布的标准GB/T 7901—2018和GB/T 7900—2018，胡椒检验指标如下：

表 12-1　整黑胡椒的物理特性要求

项目		要求	
		未加工或半加工黑胡椒	加工黑胡椒
外来物（质量分数）/%	≤	2.5	1.5
轻质果（质量分数）/%	≤	10.0	5.0
针头果或破碎果（质量分数）/%	≤	7.0	4.0
堆积密度/（克/升）	≥	450.0	490.0

注：如果是胡椒粉建议进行显微镜检查。

表 12-2　黑胡椒（整的或粉状）化学特性要求

项目		要求		
		未加工或半加工黑胡椒	加工黑胡椒	黑胡椒粉
水分含量（质量分数）/%	≤	13.0	13.0	13.0
总灰分（质量分数，干态）/%	≤	7.0	6.0	6.0
不挥发性乙醚提取物（质量分数，干态）/%	≥	6.0	6.0	6.0
每 100 克中含挥发油（干态）的量/毫升	≥	2.0*	2.0*	1.0
胡椒碱（质量分数）/%	≥	4.0	4.0	4.0
酸不溶性灰分（质量分数，干态）/%	≤	—	—	1.2
粗纤维（质量分数，干态）/%	≤	—	—	17.5

*研碎后立即测定挥发油含量。

表 12-3　整白胡椒的外观特性和感官要求

项目		要求	
		半加工白胡椒	加工白胡椒
外来物（质量分数）/%	≤	1.0	0.8
碎果（质量分数）/%	≤	4.0	3.0
黑果（质量分数）/%	≤	15.0	10.0
堆积密度/（克/升）	≥	600.0	600.0

表12-4　白胡椒（整的或粉状）化学特性要求

项目	要求	
	加工或半加工白胡椒	白胡椒粉
水分含量（质量分数）/%　≤	14.0	14.0
总灰分（质量分数，干态）/%　≤	3.5	3.5
每100克中含挥发油（干态）的量/毫升≥	1.0	0.7*
不挥发性乙醚提取物（质量分数，干态）/%　≥	6.5	6.5
胡椒碱（质量分数）/%　≥	4.0	4.0
酸不溶性灰分（质量分数，干态）/%　≤	—	0.3
粗纤维（质量分数，干态）/%　≤	—	6.5

*研碎后立即测定挥发油含量。

四、国外胡椒产品介绍

（一）盐水青胡椒

在印度，盐水青胡椒的加工方法是将生长期仅4～5个月的青胡椒果采下（不带穗），立即放在氯化钠中浸半小时，然后用自来水将其洗净。一般用乙酸及柠檬酸作为青胡椒的保存液，罐装或瓶装时加一定浓度的盐水，就成为盐水青胡椒。

印度是盐水青胡椒的主要出口国之一。进口国主要是德国、比利时、荷兰和法国，它们的进口量占印度盐水青胡椒出口量的60%。

（二）脱水青胡椒

脱水青胡椒是印度中央食品工艺研究所发明的一种产品。该产品是罐装和瓶装盐水青胡椒的最佳替代品。其不但青色外观均匀，且味道与罐装和瓶装盐水青胡椒十分接近，经销费用也低。

加工脱水青胡椒的胡椒果应在成熟前20～30天采收。先将劣质果除去，然后清洗。清洗过的胡椒果在热水中浸20～25分钟，进行热处理。经过热处理的胡椒果放在中温的热空气中迅速干燥，以保持其青色。已干燥的产品要处理干净，然后分级、包装。

该产品味道鲜美，含油树脂含量较高，可用作肉类等菜肴佐料和其他一些用途。印度每年出口一定数量的脱水青胡椒，进口国家主要是德国、法国和比利时，它们的进口量占印度脱水青胡椒出口量的90%。

（三）胡椒油和含油树脂

目前世界对香料和含油树脂的年需求量约为1000吨，其中胡椒油和含油树脂约占60%。胡椒的风味来自其中的挥发油，胡椒经磨碎蒸馏就可得到胡椒油，油产量为原料的2%～4%。胡椒油的成分完全取决于原料的性质，如胡椒品种、等级、贮藏条件、加工方法等。

胡椒的含油树脂的加工方法是以碾磨胡椒为原料进行溶剂萃取，所用溶剂通常是丙酮或氯化溶剂。胡椒的含油树脂中含有芳香油和含辣味的树脂成分。印度每年生产一定数量的含油树脂。

胡椒油和含油树脂已被广泛运用于制药业、香料业以及罐头肉类、香肠的调味等方面。

印度每年出口一定数量的胡椒油和含油树脂。从印度进口胡椒油和含油树脂的国家主要有美国和德国。

思考题

1. 胡椒果穗在什么情况下可采收？过早或过迟采收会有什么问题？

2. 白胡椒和黑胡椒的质量要求如何？

参考文献

［1］中国热带农业科学院，华南热带农业大学．中国热带作物栽培学［M］．北京：中国农业出版社，1998.

［2］黄宗道．天堂的种子：热带作物［M］．北京：清华大学出版社，广州：暨南大学出版社，2000.

［3］黄根深，黎德清．胡椒细菌性叶斑病的流行规律［J］．热带作物研究，1989（1）：35–40.

［4］邢谷杨，林鸿顿，林道经，等．胡椒园椰糠覆盖研究［J］．热带作物研究，1991（2）：21–25.

［5］邢谷杨，邬华松，林鸿顿．胡椒不同摘叶间隔期产量效应的研究［J］．热带作物研究，1995（3）：24–27.

［6］黄根深，黎德清．胡椒细菌性叶斑病的综合防治［J］．热带作物研究，1991（1）：71–74.

［7］祖超，杨建峰，李志刚，等．遮荫对胡椒主花期叶片碳代谢及成花量的影响［J］．热带作物学报，2015，36（9）：1561–1567.

［8］邢谷杨，林鸿顿．胡椒干物质产量和主要养分含量研究［J］．热带作物学报，1997（1）：42–45.

［9］邢谷杨，朱红英．胡椒果实的生长规律及其在不同发育阶段的养分含量研究［J］．热带作物学报，1998（4）：52–55.

后 记

我国引种胡椒已70多年。在海南，胡椒已发展成为一种优势经济作物，科研单位和不少生产单位为此做出了很大努力。中国热带农业科学院香料饮料研究所对胡椒栽培技术进行了长期研究。20世纪60—70年代对胡椒生物学特性进行了研究，对胡椒肥害、水害、寒害和病害进行了大量的生产调查。80年代以来在大田布置了一系列单因子试验，并建立了综合高产试验田，同时亦对病害进行了研究。这些试验和研究先后取得了一系列科研成果，形成了一整套切实可行的胡椒高产栽培技术。《胡椒高产栽培技术》正是香料饮料研究所科技人员经过长期研究所结出的硕果，也是广大胡椒种植者的实践总结。

有关研究表明，胡椒的产量潜力是很大的，科技工作者和广大胡椒种植者不要浅尝辄止，应更加重视胡椒的种植质量，并注意在如何提高胡椒单位面积产量方面作更深入的研究和实践，以推动中国胡椒产业的进一步发展。

农业农村部农垦局热带作物处提供了胡椒病害彩图，王兴朝、杨和鼎、罗永明等同志热情支持本书出版，在此，我们一并表示衷心的感谢！

特别感谢海南惠农慈善基金会资助出版本丛书。

由于编著时间仓促，不足之处在所难免，恳请同行专家和读者批评指正。

胡椒高产栽培技术课程实施计划表

总学时：91

目的要求	了解胡椒的用途和经济价值，国内外胡椒栽培概况，胡椒的植物学特征及其对外界环境条件的要求等。重点掌握胡椒优良种苗的标准，胡椒高产树形培养，幼龄胡椒和结果胡椒田间管理的各项措施和要求。认识并掌握会对胡椒生产造成较大损失的几种病害的发病条件、症状及其防治方法，如胡椒瘟病、胡椒细菌性叶斑病和胡椒花叶病等

题目名称	教学内容	学时分配			目的要求	实施方法及器材保障
		面授	实习	自学		
概述	1. 胡椒的用途和经济价值 2. 国内外胡椒栽培概况	2	0	2	了解胡椒的用途、经济价值和国内外栽培概况。尤其是主要植区——海南的胡椒栽培情况	面授和自学相结合
胡椒的生物学特性	1. 胡椒的植物学特征 2. 胡椒的生长习性 3. 胡椒对环境条件的要求	3	1	5	了解胡椒各器官的形态，主蔓生长和分枝习性，枝条生长习性，开花结果习性，以及对温度、雨量、光照、风和土壤的要求	面授和自学相结合，以自学为主。参观胡椒园
胡椒的主要类型和繁殖	1. 胡椒的两个主要类型 2. 种子繁殖 3. 插条繁殖	2	1	4	了解胡椒的两个主要类型，重点了解我国目前栽培的大叶种；了解胡椒的繁殖方法，以及优良种苗的标准和育苗方法	面授和自学相结合，以自学为主 器材：胡椒插条苗

续表

题目名称	教学内容	学时分配			目的要求	实施方法及器材保障
		面授	实习	自学		
胡椒园的开垦和定植	1. 园地的选择和规划 2. 开垦 3. 定植	2	2	5	了解园地的选择和规划原则，胡椒的定植时间、密度、方法和植后管理	面授、自学和实习相结合，以自学为主。参观刚开垦的胡椒园
胡椒树体管理	1. 整形修剪 2. 绑蔓、摘花、摘叶	2	2	5	了解胡椒的整形和修剪的方法及怎样绑蔓、摘花、摘叶	面授、自学和实习相结合，以自学为主 器材：胡椒整形修剪图片
胡椒施肥	1. 胡椒的营养需要 2. 胡椒施肥 3. 胡椒施肥方法 4. 胡椒肥害及其处理	4	3	6	了解胡椒对营养的要求，幼龄胡椒和结果胡椒如何施肥，胡椒肥害及其处理	面授、自学和实习相结合，以自学为主 器材：胡椒肥害图片
胡椒园土壤管理	1. 胡椒园松土、培土 2. 胡椒园覆盖和除草	2	1	3	了解胡椒园松土、培土、覆盖、除草的作用及其方法	面授和自学相结合 器材：胡椒园覆盖图片
胡椒园排水和灌水	胡椒园排水和灌水	2	1	2	了解胡椒园排水和灌水的作用，并懂得建立排灌系统	面授和自学相结合 器材：胡椒园排、灌水系统的图片

续表

题目名称	教学内容	学时分配			目的要求	实施方法及器材保障
		面授	实习	自学		
胡椒支柱和栽植形式	1. 胡椒支柱 2. 栽植形式	2	2	2	了解胡椒支柱的质量要求和不同的栽植形式	面授、自学和实习相结合 器材：胡椒支柱图片
胡椒遭受台风危害后的抢救管理	1. 台风对胡椒生产造成的破坏 2. 胡椒常年的主要防风技术措施 3. 台风后受灾胡椒的抢救	1	0	1	了解台风对胡椒生产的危害。领会常年的主要防风措施和台风后如何抢救受灾胡椒	面授和自学相结合 器材：台风后胡椒受损的图片
胡椒病虫害防治	1. 胡椒病害防治 2. 胡椒虫害防治 3. 胡椒园常用农药配制方法	9	5	1	了解胡椒病虫害的种类、危害症状、流行规律及其防治措施。了解硫酸铜溶液和波尔多液的配制方法	面授、自学和实习相结合，以自学为主 器材：感病的胡椒叶片
胡椒收获和加工	1. 收获 2. 加工	2	2	2	了解胡椒果穗的采收标准，黑、白胡椒的加工方法和质量要求	面授、自学和实习相结合 器材：黑、白胡椒粒